Titel

Das neue Verständnis der Materie- Formation

von J. Willi Oberaht,

Ausgabe 5, in Deutsch mit Ergänzungen, aufbauend auf:

ISBN 978 1986493338, Ausgabe 1, in Englisch,
ISBN 978 1717136992, Ausgabe 2, in Deutsch
ISBN 978 1724212313, Ausgabe 3, in Deutsch
ISBN 978 1727246780, Ausgabe 5, in Deutsch

Inhaltsverzeichnis:

1. Vorwort

2. Der Impuls, die Quelle und die Übertragung

2.1 Die Durchdringung von Materie Strukturen und Einteilungen

2.2 Gitterstruktur und Dichteänderungen

2.3 Die schwache und starke

Kraft

3. Strömungsfeldraum und Absto

ßung

3.1 Das Strömungsfeld, der

Raum, Emitter, Fusionen,

Zusammensetzung

3.2 Dunkle Energie, Turbulenzen,
Licht, Wasser und elektroma

gnetische Effekte

3.3 Austretende Mikro- und

Makrostrukturen

3.4 Konglomerat, Extruder und Reflektoren

3.5 „Big Bang", rotierende Galaxien und Materiean-sammlungen

3.6 Die zu beweisende Theorie

4. Zusammenfassung

5. Weitere Links und Literaturverweise

1 Vorwort

Der folgende Text erläutert mehrere praktische, theoretische und systematische Überlegungen aus dem größeren Rahmen der Naturwissenschaften, Astrophysik und der Elektrotechnik. Es ist geplant eine Diskussion zu dem beschriebenen Thema anzuregen und in weiteren Ausgaben darzulegen. Die erste Version enthielt die Grundgedanken. Am Ende erhalten wir, wenn sich diese <u>Neuordnung</u> bestätigt, eine grundlegendes neue Sichtweise zu den naturwissenschaftlichen Betrachtungen zur Formation der Materie. Verknüpft ist diese Beziehungen zwischen den Weltraumbestandteilen und sich daraus ergebende oder bestehende Systeme.

Die Idee für diesen Text entstand beim Gedanken an eine Verbesserung der Impuls-Produktionseinheit [8] und der Kräfte am Spalt. Besonders die Beobachtung des Author zum aufsteigenden Wasser in einem Spalt und den aus dem Studium mitgebrachten Kenntnissen zu den Kräften, die aufgrund des magnetischen Flusses an einem durch einen Spalt unterbrochenen Ringkern entstehen, führten zur Fokussierung auf den Gedanken des Strömungsfeldes (ca. 2008). Bei der Betätigung von „Stellschrauben" zur Verbesserung, stellt sich immer die Frage nach den wirklichen Zusammenhängen. Im Zusammenhang mit der Impulsanlage war es die Frage nach schnelleren Bewegungen auf der Struktur. Was hält die Ladungsträger in ihrer Position und wie kann man diese gezielt bewegen. Es bauten sich <u>Zweifel an bestehenden Betrachtungsweisen zur Gravitation bzw. Massenanziehung auf</u>. Die Überlegung zum Impuls verwies den physikalischen Prozess der Welle auf eine nachgeordnete Position. Somit führte die Überlegung zu Quelle, Ladungsträgern und Ausbreitungsweg, zur Zusammenführung der beiden bisher voneinander unabhängigen Quantenphysik (im Sinne einer Teilchenphysik) und Wellen Theorien. Die <u>Wellenausbreitung</u> wird als Umwelt- und verknüpfungsabhängiges Ergebnis zu einem Impuls ausgelösten Ereignis angesehen.

Darüber hinaus wird das frühere <u>Verständnis der Gravitation</u> und der Anziehungskraft der Materie (<u>Definition gem. der Schullehre: Gravitation</u> oder Massenanziehung, die Kraft, die zwei oder mehrere Körper allein auf Grund ihrer schweren Masse aufeinander ausüben) durch einen <u>neuen Ansatz eines quantisieren Strömungsfeldes</u> ersetzt werden.

Diese Betrachungsweise fokussiert auf die Dichteverteilung und Bewegungsverteilung die auch als Temperaturverteilung verstanden wird. Die etablierten Modelle zur Vorhersage der Gravitationskräfte im jeweiligen gültigen Bereich, wie z.B. die Modellierung existierender Probleme auf Basis der Newtonschen Betrachtung, die für starke und schnelle Beschleunigung durch neuere relativistische Ansätze ergänzt wurde, werden mit einem Modell überspannt. Auch lässt sich die in vielen Berechnungen notwendige zusätzliche nicht sichtbare Materie mit den gleichzeitig gefunden Gegenbeweisen, in abgelegenen Galaxien, erklären. In dieser Betrachtung muss der Raum bzw. die Dichteverteilung nicht als homogen angesehen werden. Vorstellbar für eine unregelmässige und sich verändernde Dichteverteilung ist die Tektonik auf der Erde. Die Kontinente verschoben sich im laufe der Erdentwicklung. Vergleicht man dazu die Sonnenoberflächenaktivität und die Konstellation der Milchstrasse zusammen mit der Andromedagalaxie, über einen längeren Zeitraum, lassen sich Parallelen zwischen dieser und der Kontinent/Wasserverteilung erkennen. Das gleiche spiegelverkehrte Bild zeigt sich auf dem Merkur. Darüber hinaus passt auch die Mond Theorie als Modifizierte Newtonsche Dynamik zu Korrekturen bei sehr schwachen Kräften, als auch extreme Nahkräfte (Van der Waals) in die im folgenden beschriebene quantisierte Strömungsfeldtheorie.

Der gegensätzliche Ansatz zum Thema des Textes und die Erklärung, dass die Relativitätstheorie als sehr bekannte Theorie abgewandelt werden wird, fand Interesse in einer Kerngruppe. Allerdings wurden einige an wissenschaftliche Zeitschriften gesendete „Paper" abgelehnt. Einige wenige Individuen in etablierten wissenschaftlichen Kreisen haben bereits ihre Meinung zu diesem Thema abgegeben, wobei in den Vergangen Jahren einige davon es vermieden, eine direkte Rolle zu übernehmen. Inzwischen fanden sich mehr Anhänger aus Fachkreisen um diese Ansicht weiter zu entwickeln aber auch in einer grossen Basis. Alte Muster die traditionell übermittelt wurden und besonders sich in kirchlichen Gebäuden widerspiegelten verdeutlichen die größeren Zusammenhänge. Die Betrachtung dieser, dem alten Wissen oder der Wissenschaftsübermittlung eröffnete Zusammenhänge. Auch wurden diese Themen in der Werbung und Media Beträgen erkennbar.

Es fragt sich, welcher <u>Vorteil</u> ein solch neuer Schritt bringt. Derzeit gibt es unterschiedliche Theorien, die Teile der natürlichen sichtbaren Effekte erklären, aber Lücken hinterlassen, die nicht mit aktuellen Modell erklärt werden können. Dies deutet stark auf die Möglichkeit hin, dass diese Theorien nicht vollständig sind oder nur einen kleineren Teil des simulierten Naturereignisses reflektieren und damit nicht weiterführen.

Eine Erklärung, die die meisten der vorhandenen Einzelmodelle enthält, erhöht unsere Informationsbasis.

Nach der gewonnenen Erfahrung bringt uns das kombinierte Wissen leichter zu weiteren Einblicken und fehlenden verbesserten Beschreibungen. Das gewonnene Verständnis ermöglicht die systematisches Herleitung, eine vollständige Analyse und im nächsten Schritt die Synthese von Materie Formationen. Danach ist eine umfassendere Theorie ein Muss!

Aus Parametern, die einfacher zu erhalten sind, kann ein Vorteil entstehen. Dies ist der Fall für den Zugriff auf z.B. eine Materialdichte, die analysiert werden kann. Im Gegensatz dazu ist die Bestimmung der Energie eines betrachteten Raumelementes schwieriger. Energiekomponeten ergeben sich teilweise aus der Bewegung des Gesamtsystems z.B. der Galaxie.

Weitere Details bringen normalerweise ein Modell näher an die Realität heran. Die Möglichkeit, das Modell erweiterbar zu gestalten, und dabei ein besseres Abbild der natürlichen Vorgänge zu erhalten, ist ein weiterer Vorteil.

Diese aufgeführten Vorteile werden durch die folgende Theorie erfüllt.

Eine Theorie sollte durch Experimente validiert und kann weiter entwickelt werden. Dies ist der Ausgangspunkt dieser Publikation.

2. Der Impuls, die Quelle und die Übertragung

Jeder Energiewechsel erzeugt eine <u>Verschiebung</u>.

Eine Verschiebung ist eine vorgenommene Bewegung eines Materieelementes (Ortsänderung) relativ zum vorherigen Ort und seiner Umgebung. Diese Verschiebung hängt von der anfänglichen Quellenenergie, der anschliessenden Ausdehnung im Raum und der Art, Verteilung und Verknüpfung der Materie im Ausbreitungspfad ab. Die Energie wird im weitesten Sinne als Bewegung betrachtet.

Jeder Energiewechsel mündet gewöhnlich in eine Verschiebung relativ zur tatsächlichen Position oder Bewegung und wird der <u>Ausgangspunkt</u> für ein Ereignis Namens <u>Impuls</u>. Viele dieser Impulse, in einer Sequenz oder zusammen mit einer Materialstruktur und möglicherweise mit einem transversalen Fluss kombiniert, bilden oder initiieren in Materie eine wellenförmige Verschiebung. Je nach auslösender Größenordnung der Verschiebung und umgebende Materie im Raum kann sich die wellenförmige Ausbreitung ergeben. Längliche und verbundene Elemente können sich, neben einer möglichen wiederkehrenden Impulsanregung („digitalisierte" Welle), überschlagend ausbreiten und damit den wahrgenommen Effekt von Wellentälern und Wellenbergen hervorrufen. Vorstellbar ist die entstehende Erhöhung durch die sich entgegengesetzt übereinander schiebenden Materieelemente. Entsprechend die Vertiefung in der gleichgerichteten Zone. Gleichzeitig wird dem Ausbreitungsraum eine gewisse Elastizität, vergleichbar mit einer Federwirkung, unterstellt die für die Richtungsumkehr der Materieelemente sorgt.

Die anfängliche Impulsquelle ist möglicherweise nicht stark genug, um die Kernbindungskonstellation zu verändern und wirkt sich nicht auf die äußere Elementoberfläche aus. In diesem Fall ist die erforderliche

Schwelle nicht erreicht. Dichte Initialverschiebungen und Raumausbreitungen beeinflussen mehr ihrer direkten Umwelt im Sinne einer Verdrängung. Diese Verdrängung erhält einen größeren <u>Ausbreitungswiderstand</u>. Die Wahrscheinlichkeit der Ausbreitung für kleinere (radiale) initiale Verschiebungen, wie z. B. Licht, in den homogenen Ausbreitungsmedien, ist höher, durch die Umwelt einen geringeren Widerstand in der Ausbreitungsrichtung zu erfahren und sich schneller auszubreiten. Durch das Hinzufügen von Querverschiebungen, bzw. spiralförmig, zeitlich abgestimmte umgebende Verschiebungen, in einer Ausbreitungsrichtung, kann der Widerstand in der Ausbreitungsrichtung sogar auf Null eingestellt werden. Dies gilt für den Effekt der Supraleitung. Analog ließe sich der Para- und Ferromagnetismus für die Strömungsfeldausbreitung betrachten. Demnach würde dieses sich im Inneren eines solchen Materials ungehinderter Ausbreiten als um das Material herum. Neben der bekannten Betrachtungsweise, dass sich die Materieelemente in „Strömungsfeldrichtung" ausrichten oder rotieren, möglicherweise reflektiert werden bzw. die Materieposition einzelner Elemente sich ändert, ist der additive umgebende Drehimpuls, falls vorhanden, z.B. eines einzelnen Elektrons entscheidend. Es handelt sich damit analog zur Supraleitung um eine widerstandslose bzw. widerstands-reduzierte Ausbreitung. Der Ausbreitungsweg wird im Idealfall vorab linearisiert bzw. vor Kollisionen abgeschirmt und dem Hauptimpuls die Durchdringung zu erleichtern. Bestimmte Impulsausbreitungen bevorzugen äquivalente Ausbreitungsmedien, die von der anfänglichen Verschiebung und den Raum- und Materieeigenschaften abhängen. Entscheidend für den Ausbreitungswiderstand bei entgegen-gesetzter Ausbreitungsrichtung sind, neben den klassischen Massenverhältnissen als Dichte- bzw. Gewichtsbetrachtung, die Größenverhältnisse als räumliche Verteilung (und damit Schwerpunkte) der mindestens zwei betroffenen Elemente. Ernst Mach definierte, dass das Impuls Übertragungsverhältnis in der

Beziehung zum Massenverhältnis steht. Diese vereinfachte Betrachtung, lässt sich fast immer in Einzelkontaktflächen oder Minimalkontaktpunkte mit der jeweiligen verbundenen Masse zerlegen. Die verbundene Materie oder verknüpfte Materie, deren Verknüpfungsausbreitung und Räume dazwischen sind letztendlich das wichtigste Ordnungskriterium.

Die Materie und die äußere Umwelt ist ein Medium für die Ausbreitung. Für einen kleineren Abstand zwischen den einzelnen Impuls Trägern/ Kollisionen, bei gleicher anfänglichen Kraft, genügt ein schwächerer Impuls. Die Beschreibung "Kleinerer Abstand" ist in Bezug auf direkt kontaktierende Materie Elemente, die verschiedenen molekularen/ atomaren Kerngrenzen und die räumlichen Abstände zwischen den einzelnen zu überbrückenden Materie Elementen zu sehen. Wenn die Impuls Träger eng ausgerichtet sind und die anfängliche Verschiebung mit der notwendigen Anregung übereinstimmt, ist die Übertragung des Impulses schneller. Es kommt bei konstanten Umgebungsbedingungen zu keiner Ausbreitungswiderstandsänderung in Ausbreitungsrichtung. Eine dichte Anordnung von Impulsträgern ermöglicht eine schnellere Verbindung und eine höhere Anzahl von <u>Impulsen Transfers pro Zeiteinheit</u> (mit denselben bindenden Umgebungsbedingungen) im Vergleich zu einer lockeren Trägerstruktur. Die beobachtete schnellere Ausdehnung im Raum kann logisch mit dieser Annahme erklärt werden und könnte als Kondensations- Effekt visualisiert werden (vgl. [2]). Turbulenzen bilden den Bereich eines größeren Ausbreitungswiderstandes, oft zeigt der Raum Lichteffekte und langsamere Transfers im Vergleich zu Orten mit schnelleren Ausbreitungen im Raum. Eine geordnete Struktur überträgt mit weniger Streuung bzw. Reflektionen oder Rückläufen. <u>Einsteins Annahme der konstanten Lichtgeschwindigkeit im Vakuum</u> für ruhende oder bewegte Beobachter basiert auf der störungsfreien Übertragung. Nicht in Strömungsfeldrichtung bewegte Beobachter würden im Vergleich zu den ruhenden, mehr Störungen/Turbulenzen im Ausbreitungsmedium erzeugen oder anders betrachtet, eine Änderung des Widerstandes in Ausbreitungsrichtung hervorrufen. Wobei die Größenverhältnisse zwischen bewegtem Objekt und Umgebung (Raum) wichtig sind. Beobachtungen von Nimtz stiessen auf eine Impulsausbreitung mit einer Überlichtgeschwindigkeit. Dies wurde später aber nur Teilen des sich ausbreitenden Impuls zugeschrieben und wieder rechnerisch relativiert. Unter der Verknüpfung mit dem Postulat zum schwarzen Strahler, liesse sich beim Durchqueren des Impulses durch eine Röhre, eine zusätzliche Beschleunigung des Impulses, aufgrund von Signalteilen welche sich im Röhrenrand fortbewegen und auf den vordersten Teil einwirken, erklären. Es ergibt sich ein Unterschied in der Reflektion zwischen Innen - und Aussenraum oder gleichem Material, dass sich rechts und links von der Ausbreitungslinie im Rand der Röhre befindet. Dieser äussert sich auch durch eine ungleichförmige Temperaturverteilung. Die Weiterleitung bzw. Verlängerung der Wellenlänge als „Käfig/Fokusierung" erzeugt am Ausgang in Strömungsrichtung „höhere" Temperaturen. Bisher waren wir nicht in der Lage, eine bedeutende zusätzliche Beschleunigung zu jedem bewegten Lichtträger zu produzieren, den wir als Beweis für oder gegen Einsteins Postulat heranziehen würden. Jedoch gibt es Experimente (Cern 2011) die bereits eine Messung der Überlichtgeschwindigkeit von Neutrinos zeigen. Die definierte Geschwindigkeit c ist eine Ableitung aus der Impulsentstehung und dem als leer betrachteten Raum. Die Beschleunigung kann das Element z.B. über ein Einreißen von Materie, z.B. blasenähnliche Materie, über ein Spin, mit entsprechender Ablösung der Materie, erhalten oder das Schließen einer Lücke wobei dadurch das Signal schneller transportiert werden kann. Kohlenstoff zeigt oft in seiner freien Form eine fünfeckigen Volumenkörper. Zur Veranschaulichung dient ein Blick auf C-Fulleren. Silicium ist dabei dem Kohlenstoff sehr ähnlich. Die schliessenden Flächen zwischen den Kanten mögen sich in gewissen Bewegungszuständen ablösen. Dies geschieht mit einer bestimmten Beschleunigung. Wasserstoff und Kohlenstoff wird in Sternen oder der Sonne ständig aus einer sehr heissen Umgebung in den kalten Weltraum befördert. Die Materie friert sehr schnell ein und ein Einreissen oder platzen ist gut vorstellbar. Der Autor bezweifelt eine lineare Abhängigkeit zwischen der möglichen <u>Geschwindigkeitszunahme und der Widerstandsänderung</u>. Damit wäre das Einsteinsche Postulat eine Näherung, wobei mögliche Terme höherer Ordnung vernachlässigt werden. Diese Fehlenden führen schließlich zur Abweichung der Berechnungsergebnisse im Vergleich mit der relativistischen Korrekturen und mit den Ergebnissen der klassischen Mechanik bei höheren Geschwindigkeiten. Auch lässt sich der Widerspruch zwischen der klassischen Mechanik und dem Elektromagnetismus auf die veränderte Ausbreitung durch eine Impulsübertragung bzw. dem Stoßprozess (elastische und unelastische) im Ausbreitungskanal zurückführen. Die Betrachtung vereinheitlicht sich im Sinne einer Impulsbetrachtung und wird in folgenden Kapiteln erläutert. Licht wird im folgenden Text immer als Teilchen betrachtet. Demnach kommt es beim Auftreffen auf andere Materie Elemente zur Ablenkung und Streuung.

Auch sind beim Auftreffen auf anderer Materie angestossene Rotationen denkbar, solange die Materiedimensionen vergleichbar sind. Fotosynthese betreibende Pflanzen benötigen auftreffendes Licht. Der an dieser Stelle angestossene Effekt erzeugt Wärme bzw. resultierende Bewegung die ein Aufbäumen oder Austreiben zur Folge hat. Effekte ohne den Lichteinfluss bedürfen auch einer Wärmequelle bzw. einer Verschiebung.

Beim Auftreffen können durchaus Teilchen oder blasenähnliche Hüllen verschiedener Größe entstehen, die einen Raum durch Impulsweitergabe unterschiedlich schnell durchdringen, eine geometrische Form sich in einem gewissen Winkel ausrichtet oder sich eine resultierende Schwingung im Raum weiter ausbreitet. Diese Art Filter könnte man sich in verschiedenen Farben vorstellen. Wobei durch das Strömungsfeld einen Einfluss auf die Verteilung anzunehmen ist.

Der Annahme folgend, dass ein von einer Quelle erzeugter Impuls den gleichen "äußeren" Impuls erzeugen würde („äußeren" bedeutet in diesem Zusammenhang außerhalb der Primärreaktion), würde die Annahme gelten, dass die Masse von <u>zwei Fusionselementen</u> als Quellen einer Energieverschiebung, multipliziert mit einem Faktor, gleich der erzeugten Kraft über Reaktionszeit ist. Fügen wir auf beiden Seiten dieser Gleichung die Entfernung hinzu, kann die bekannte Einstein-Gleichung extrahiert werden (einfaches atomares Energieverteilungs- Parabel Modell).

Impuls (Fusion) = Impuls(transfer) =>

$$F \cdot t \cdot s = s \cdot m(t2) \cdot v(t2) \quad =>$$
$$\frac{s}{t} \cdot m(t2) \cdot v(t2) = w$$

vergleiche $E = m \cdot c^2$

$v(t2)$ = Geschwindigkeit der Reaktionselemente austretend, z.B. Partikelstrahler, (t2) Zeit austretend (nicht immer Lichtgeschwindigkeit c, vereinfachte Annahme: Eintritt gleich Austrittsgeschwindigkeit),

t = Zeit der Verschmelzung,

F = Kraft

s = Abstand, bezüglich dem Fusions- bzw. Reaktionsort als Materieausdehnung,

w = Arbeit

$$v(t2) \cdot p = Eg \qquad c(t2) \cdot p = Eg$$

Bei mehreren Fusions- Elementen in einer Quelle gilt die Summe in Bezug auf die Zeit und Temperaturmessung.

$$Eg = \text{Quelle} \sum c(t2) \cdot p \quad n[Nm],$$

Die Quellensumme oder Summe aller Einzelvorgänge, ergibt sich aus der relevanten Austrittsgeschwindigkeit multipliziert mit den Einzelimpulsen

E_g = Energie austretend

(Absorption und Reflektionen vernachlässigt)

p = Impuls einer einzelnen Fusion,

n = Anzahl der Einzelimpulse/Fusionen ohne eine Kompensationsbetrachtung

Betrachtet man verschiedene Muster von verschiedenen elektromagnetischen Spektren die bereits gesammelt wurden, so erscheint es offensichtlich, dass wir den selben Effekt aus verschiedenen Perspektiven betrachten. Die gemeinsame Basis zwischen <u>zwischen der Quanten- und Wellentheorie ist der Impuls bzw. eine Verschiebung</u>. Erkenntnisse von Physikern und anderen aus der Vergangenheit passen zu dieser durch Überlegungen erzeugten vereinenden Betrachtung. Im folgenden werden bekannte Erkenntnisse mit der neuen Sichtweise zur Materie Formation in Einklang gebracht oder modifiziert.

Das <u>Huygens-Prinzip</u>, das jeden Punkt einer Wellenfront als Ausgangspunkt einer neuen Welle definiert, kann durch Austausch des Wortes "Welle" auf den "Impuls" übertragen werden. Jeder ankommende Impuls wird Neue erzeugen, wenn er auf ein Element bzw. eine Raumänderung trifft.

Viele dieser Einzelquellen bilden als Impulserzeuger die Ausbreitungs-Energie/Verschiebung (vgl. auch [4]).

Für alle diese Impulstransfers ist ein gewisser Querschnitt notwendig. Dabei ist die Betrachtung der übertragenen Energie in einer Zeit erst einmal zweitrangig. Im Modell zur Impulsübertragung konnte die Plancksche Konstante als notwendiger Querschnitt oder Federelement der Erweiterungen für die Impulsübertragung interpretiert werden, der vom Elektronenquerschnitt abgeleitet ist. Diese Sichtweise würde das Plancksche Verständnis eines <u>quantisierten</u>/ unterbrochenen Flusses erklären, da nur die beweglichen Elemente, wie z.B. Elektronen zur effizienten oder noch kleinere Materie, für die Impulsübertragung zur Verfügung stehen. Die Übertragung des elektrischen Feldgedankens in ein mechanisches Model, läßt auf Anhieb die Frage nach der <u>Richtungsabhängigkeit</u> dieser Vorgänge entstehen. Erklärbar wird diese Ansicht, wenn die Leitungsbahn bildenden Strukturen komplexer und verschachtelter angesehen werden.

Die von Planck beobachtete Änderung der Lichtfarbe in Abhängigkeit von der Temperatur, läßt sich bedingt durch die umschliessende Kristallstruktur bzw. Struktur im allgemeinen, der Veränderung dieser und äusseren freien Weglängen erklären. Der Anstieg bzw. die Anzahl der sich stossenden Elektronen steigt mit der Temperatur. Es erscheint ohne eine Trennung der verschiedenen Größen, optisch heller je mehr der Kristallkanal oder auch zeitweise gebildeter Kanal, sich aufgefüllt und diese Elemente durch die Oberflächenstruktur fontänenartig austreten.

Laufzeiten ändern sich nicht nur aufgrund unterschiedlicher Strukturlängen, sondern auch in Kombination mit dem Positionswechsel der Rotationskörper (Präzision) in oder ausserhalb der Struktur. Diese Positionsänderungen verkürzen oder verlängern den Ausbreitungsweg bis zur Reflektion. Damit ändert sich das Farbempfinden während der Darstellung im menschlichen Auge.

Die im Stefan Boltzmann Gesetz beschriebene Temperaturabhängigkeit zur vierten Potenz, passt u.a. in diesem Zusammenhang zu rechteckförmigen Polygon Kristallstrukturen und den bei der Betrachtung auf die Austrittsfläche sichtbaren vier Reaktionswänden der Materialstruktur.

Elektronen werden in dieser Betrachtung als nahezu kugelförmige ungebundene Materieelemente betrachtet. Die Oberfläche kann verschieden ausgeführt sein, z.B. mit Noppen, Knoten, stachelförmig, glatt, Spitzen, länglich, federnd etc.

In der bisherigen Sichtweise stoßen sich gleiche negative Ladungen ab. Dies ist im Einklang mit dem von <u>Pauli</u> definierte Prinzip. Diese Abstossung und örtliche Besetzung ist auch mit „Rollbahnen/Rinnen" und Schwingungspunkten erzeugbar. Gleichzeitig würde diese Vorgabe dazu führen, dass freie Elektronen der identischen Größe immer gleich verteilt sein müssten, d.h. im gleichen Abstand voneinander zur Ruheposition oder zur stabilen Umlaufposition im gleichen Abstand gelangen. Dies ist nicht der Fall.

Den oben aufgezeigten Erweiterungen, wie z.B. den Noppen, ist ein gewisser Federeffekt immanent. Die Verkürzung und Verlängerung führt zu unterschiedlichen Laufzeiten. Laufzeiten im Sinne von einer Zeit die für die Zurücklegen einer Strecke benötigt wird. Damit verbunden ist eine Änderung der erzeugten Wellenlänge.

Die bekannten <u>Kugelschalenmodelle</u> zur Darstellung einer Aufenthaltswahrscheinlichkeit, bzw. die existierenden Beobachtungen der Elektronen, sind aus dieser hier vertretenen Sicht eher <u>Materialschwingungen</u> und verschieden angelegte Umlaufbahnen oder <u>Rinnen</u>. Dirac hatte bereits Materialvertiefungen, im Bezug auf Elektronen die ihren Aufenthaltsort verlassen hatten, erwähnt. In der Darstellung sind die Elektronen an Vertiefungen in der neutralen Struktur eingefügt und

bilden deshalb bei einer Kollision, falls eine Ansammlung freier bzw. schwachgebundener Elemente vorhanden ist, eine Lawine, die sich als quantisierte Energieniveaus darstellen. Freie Lawinen sind möglich solange der Elektronenaufenthaltsort nicht, z.B. durch eine Gitterstruktur, überdeckt ist.

Neben radial verteilten Furchen, erzeugen drehende Spitzen in der Aufsicht den Eindruck von Schalen gem. dem Bohrschen Atom Model. Eine Materialspitze die durch ein quantisiertes Strömungsfeld angeregt wird und mit einer gewissen zeitlichen Auflösung betrachtet wird, erscheint bei unzureichend schneller Betrachtung als nicht klar erkennbare Materialstruktur bzw. Wolke. Verklemmungen von Materialspitzen als Verbindungsprinzip sind möglich.

Diese Spitzen bilden sich aus Strömungfeldwirbeln begünstigt durch Strömungsfeldschnittmengen (Eine Erläuterung folgt im Kap. 2.2). Eine häufige Form läßt sich als Kombination (Ober und Unterseite) zwischen einer quadratischen und einer E-Funktion beschreiben.

Eine stetig wirkende Kraft, vom Massezentrum ausgehend wirkend, würde diese <u>Schwingung</u> der Materialspitzen nach einer gewissen Zeit zum erliegen bringen. Die von <u>Heisenberg</u> definierte Unschärferelation läßt sich, neben der Ausbreitungswiderstandsbeeinflussung durch die Messung, auch diesem Schwingungsprinzip zuordnen. Gleichzeitig beschäftigte sich Heisenberg mit einem sogenannten Urfeld.

Die <u>Boltzmann</u>-Konstante wäre aus der Relation zwischen Schwingungszustand und Temperatur, gewisser unterschiedlich dichter Atom-Strukturen, bestehend aus Protonen und Neutronen bzw. deren Fortsätze, abgeleitet. Das Materialinterne Strömen von Elektronen ist aus dieser Sichtweise vorstellbar wie ein strahl durch ein Röhren und Gittersystem mit den entsprechenden Reflektionen die teilweise seitlich austreten. Die austretende Materieverteilung (Elektronen) entspricht den Maxwell-Gleichungen. Auch kann die Mischung von Dichteänderungen, je nach Material, in Bewegungsrichtung in homogene Modi aufgeteilt werden und sich jeweils kompensieren. <u>Dipole</u>, z.B. Tenside, können eine solche Gitterstruktur erzeugen und bilden damit eine Art Polarisationsfilter. Der Impuls wird entlang dieser Strukturen übertragen. <u>Dipole</u> werden in dieser Betrachtungsweise im weitesten Sinn als unsymmetrische Materiestrukturen betrachtet.

Das richtige Materialgemisch und die Strömung um und durch ein Konglomerat von Materie, produziert eine größere Kompression als eine Abstoßung der Materie. In einfacheren Worten – eine Strömung vorbei an unstrukturierter Materie produziert "Reibung" und eine Geschwindigkeitsreduktion. Die Abstände zwischen der Materie werden verändert. Verschiedene Bedingungen führen zu einem „Konglomerat" (vgl. Abbildung 4). Diese Erklärung <u>ersetzt die Vorstellung von der klassischen Anziehungskraft zwischen Materie</u>.

Die klassischen Definitionen lassen sich in dieses Prinzip einordnen. Die Trägheit der Masse erklärt sich damit aus der stabilen Lage im Strömungsfeld mit der jeweiligen angepaßten Um- und Durchströmung. ZurÄnderung der Position muss eine zusätzliche Kraft aus einer anderen Strömungsfeldrichtung oder mechanische Kraft einwirken. Das Verlassen dieser stabilen Ruhelage ist eine Änderung der Position der wirksamen Materieflächen. Es herrschen nach der Bewegung andere Kräfteverhältnisse.

2.1 Die Durchdringung von Materiestrukturen und Einteilungen

Symmetrische Materieanordnungen im Raum erzeugen als Gegenelement zu einer kontinuierlichen Quelle im Raum, aufgrund einer geringeren Anzahl von Kollisionen einen geringeren „Durchtrittswiderstand". Somit ist die strukturierte Materieanordnung ein Mechanismus zur Ordnung, eine Folge einer Quelle und eine Verringerung der Entropie.

Die aus dem Experiment mit einem <u>Spalt</u> bekannte Brechung kann auf die innere radiale Spitze des Atomkerns übertragen werden und zeigt die typischen „Kugeln" als Schwingungswahrscheinlichkeiten. Gekreuzte Kettenstrukturen erzeugen wechselnde Durchgangsmuster, je nach Winkelstellung der einzelnen Kettenelemente. Eine Öffnung stellt sich dadurch in verschiedenen Größen dar. Die in verschiedenen Winkeln, im Bezug zur Durchtrittsanordung, angeordneten Seitenwände erzeugen verschiedene Reflektionswinkel. Die Wahrscheinlichkeit für die <u>Ablenkung</u> kann sich bei den Darstellungen eines elliptischen Rotationskerns unterscheiden. In der Kombination mit einer röhrenförmigen Zuleitung des materialdurchdringenden Elementes, kann der elliptische (oder runde mit bogenförmigen Ausläufen) Rotationskern, je nach seiner Stellung, eine Vorzugsrichtung der Durchströmung erzeugen. Die Amplitude und die Richtung der Schwingungen hängen von der Material- Komplexität/ Struktur, der möglichen Rotation und der entsprechenden Schichttiefe ab. Darüber hinaus sind die üblichen Umgebungsbedingungen wie z.B. Temperatur und Strömungsfeld zu beachten. Mehr Kollisionen bilden Bereiche mit höheren Temperaturen und eine höhere Wahrscheinlichkeit für reduzierte Verschiebung/Ausbreitung (Vergleiche Richtung zu Brown'sche Bewegung). Der Anstieg der Kollisionen aufgrund der Temperaturerhöhung führt zwangsläufig auch zu Materialverschiebungen. Möglicherweise aus einer gemischt komplexen Kernstruktur in den äusseren Bereiches des Atoms/ Moleküls. Diese Austritte von evtl. eingeschlossenen wesentlich kleineren Elementen beeinflussen die Erscheinung eines aufgenommen Farbspektrums, wenn die Materie von Innen oder Aussen angeregt wird.

Die Gitter/Kristallstruktur, ein gasgefüllter Raum oder ein von Elementarteilchen durchströmter Raum ist, je nach Temperatur, bzw. durch das Strömungsfeld, immer in Bewegung. Passierende Materieelemente, z. B. Photonen, kollidieren, besonders am Rand der Gitter/Kristallstruktur bzw. werden reflektiert und erzeugen die typischen Spalt Muster oder Streuungen. Diese Reflektionen, mit den sich daraus ergebenden Verdichtungen, treten dabei sowohl in Ausbreitungsrichtung als auch quer zur Ausbreitungsrichtung auf (zwischen den Wänden des Spaltes). Besonders gekreuzte metallische Kettenstrukturen erzeugen, wie oben beschrieben, je nach Winkelstellung, wechselnde Durchgangsmuster. Zu beachten ist dabei, sowohl die Qualität und Winkeltreue der Partikel erzeugenden Quelle, als auch das Spaltmaterial mit den bekannten Kern/Elektronenstrukturen. Gemäß der geometrischen Strukturen wird die Richtung der Impulsausbreitung bzw. die Partikelflugbahn beeinflusst und bilden die typischen Häufigkeitsverteilungen bzw. Spaltmuster. Mit dieser Betrachtung kann das „Paradoxon" oder Nernstscher Wärmesatz nach dem <u>dritten</u>

<u>Hauptsatz der Thermodynamik</u> erklärt werden. Er sagt aus, dass der <u>absolute Nullpunkt</u> der Temperatur nicht erreicht werden kann.

Am Nullpunkt Kelvin sollte alle Materie ruhen und die Entropie wäre Null für kristalline Objekte bzw. ohne bewegliche Teilelemente, aber nach dem dritten Hauptsatz würden wir eine Materie Bewegung am Nullpunkt registrieren (bisher wurde die Temperatur Null nicht erreicht). In einem Strömungsfeld gibt es eine Bewegung, die primär nicht im Bezug zur Temperatur steht. Eine Temperaturänderung ist eine Folge der am Betrachtungsort herrschenden Bewegung. In der Thermodynamik beschreibt die Temperatur, wie sich die Entropie eines Systems bei Energiezufuhr ändert. Die Wärmeenergie kann durch die Bewegung des Gesamtsystems des Betrachtungsraumes (z.B. die Milchstrasse) nicht verschwinden bzw. negativ werden. Die Entropie kann dabei in einem abweichenden Verhältnis zur Änderung der Wärmeenergie stehen. Möglich wird dies durch gedämpfte Schwingungen oder veränderte Kreiselbewegungen.

Heisenbergs Ergebnisse lassen sich in einen möglichen Schwingungsbereich und verteilte „Ladungen" transformieren, die zu einer Lawine in den Gitter/Kristall-Materialstrukturen führen könnten. Letztendlich ist die Impulsbeschreibung ein dynamischer Vorgang, wobei die Lokalisierung des momentan überschrittenen Ortes immer von der zeitlichen Auflösung abhängig ist. Zur Bestimmung in Ausbreitungsrichtung (z) ist idealerweise die Ausbreitung quer dazu (x,y) Null. Die Bewegung wird als reflektionsfrei angenommen und bei einer Geschwindigkeitsbestimmung in Ausbreitungsrichtung (z) ist die räumliche Änderung (x,y) Null. Das gleiche gilt für eine Änderung in x,y Richtung, wobei z konstant bleibt. Zu beachten ist neben der zeitlichen Auflösung in der räumlichen Ausbreitung (x,y,z) auch der Sonderfall einer Bewegung auf der Stelle- einer Rotation (siehe Abbildung 1). Jede Grenzschicht führt zu Reflektionen und damit zu einer Änderung der Ausbreitung. Jedes Einbringen eines Messgerätes erzeugt eine Grenzschicht. Heisenbergs Formulierung ist damit eher eine experimental physikalische als theoretische Überlegung.

Abbildung 1: Eine inhomogene Kreiselform etwa aus einer Materialkette gebildet.

Der Querschnittbereich, der mit einer näherungsweise „Elektronenkugel" vergleichbar ist, der für eine Kollision notwendig ist, steht im Einklang wie zuvor erwähnt mit dem Planckschen Wirkungsquantum. Das Proton nähert sich mehr der Form eines Kreisel. Im Falle des <u>inhomogenen Kreisels</u> (Abbildung 1) sind, auf einer Ebene betrachtet, zwei nicht direkt verbundene Materiebestandteile auch <u>verschränkt</u>. Durch die in diesem Fall gewickelte Struktur, kann ein Punkt auf einer Seite, nicht direkt durch ein Band mit einem Punkt auf der gleichen Ebene, auf der anderen Seite verbunden sein. Trotzdem rotiert die Einheit aus den betrachteten Punkten (mehreren Bändern) synchron. Inhomogene Kreisel bewirken mit ihrem Ausschlag auch Inhomogenitäten in ihrer Umgebung. Teilchenströme, wie z.B. Licht, werden entsprechend gebremst oder durchgelassen. Die Erde kann z.B. auch als inhomogener Kreisel angesehen werden. Eine rotierender Kreisel kann seine Hauptdrehrichtung durch einen ankommenden Aufprall/Impuls ändern. Dabei zeigt die Betrachtung der Oberseite/Spitze des Kreisel den größten Ausschlag.

Zwei Kreisel können wegen ihres Spins kaum verbunden werden. Aus der hier vertretenden Sichtweise werden <u>Protonen</u> als bewegliche Materie, ausgestattet mit einem anfänglichen Drehimpuls, im Sinne eines Spin, bzw. der Drehung um die eigene Achse, angesehen. In diesem Sinne zählen auch drehende Ringe um ein starres Zentrum zur Protonendefinition. Fraglich ist dabei die Unterscheidbarkeit eines Materiekörpers abhängig vom jeweiligen Stand der Auflösbarkeit. Mit einem sehr großen Impuls bzw. Hitzezuführung können diese rotierenden Protonen miteinander kollidieren und damit ein neues Element mit sehr unterschiedlichen chemischen Eigenschaften bilden. Denkbar ist z.B. eine 180 Grad gedrehte Annäherung, welche eine Verringerung des Drehmomentums erzeugt, bevor der Kernabstand sich reduziert.

Die Rotation eines solchen Kreisels kann stabil sein, solange die Reibung des Kontakt-Oberflächenelements kleiner ist als die strömende "antreibende"-Kraft.

Komplexe Protonenstrukturen weisen Vertiefungen, Räume, Einschlüsse und Durchtunnelungen auf und können damit auch dem Elektronentransport dienen. Auch als getrennt erkannte Strukturen von Protonen und Neutronen, können, nach dieser Definition, als komplexe Protonen bzw. Kreisel eingestuft werden, solange die kombinierte Struktur rotiert.

Alle anderen <u>Strukturen</u> werden als <u>Neutronen</u> verstanden, die in Relation zum Kreisel fixiert und relativ an Ort und Stelle verbunden sind.

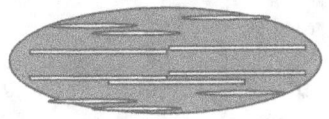

Abbildung 2: Protonenveränderung als ausrichtbarer Ellipsoid mit Schrumpfungsfurchen

Ein ruhendes Proton vollzieht nach dieser Definition eine <u>Wandlung</u> von einem rotierenden Proton zu einem beweglichen Neutron.

In diesem Text werden <u>Kreisel</u> in Beziehung zu <u>Protonen</u> gesetzt. Vorzugsweise sind diese ausgeglichene Rotationskörper, z.B. kugelförmige oder längliche Elemente in einer Kreisrotation. Gewöhnlich sind diese beweglich in der Materie eingebettet. Diese restliche verhältnismäßig stationäre Materie wird als <u>Neutron</u> bezeichnet. Kreisel können insgesamt durch eine Trocknung oder Schrumpfung z.B. der dadurch nutzbaren Drehachse entstehen. Zwei unterschiedliche zusammengesetzte Materialien weisen durch Temperaturschwankungen unterschiedliche räumliche Ausdehnungen/Veränderungen auf. Dadurch können diese beiden Materialien sich räumlich trennen. Umgibt das eine Material das andere, entsteht möglicherweise ein dynamisches System. Diese Kreisel werden von Elektronen umgeben oder diese sind in der Materie eingebettet bzw. aufgelegt. Auch durch Temperaturunterschiede entstandenen Furchen eignen sich bestens als <u>Leitungskanäle</u>, die bei einer entsprechenden äußeren Beaufschlagung, z. B. durch Elektronen, eine entsprechende Vorzugsrichtung des Ellipsoides erzeugen.

Der Effekt die Materialstrukturen durch eine bestimmte Behandlung auszurichten wird als Magnetisierung verstanden. Eine Ausrichtung von anfänglich beweglichen Elementen kann wie in Abbildung 2' dargestellt, die Impulsweiterleitung ermöglichen oder nicht unterstützen. Auch einzelne Vertiefungen würden zu einem sprunghaften Effekt beitragen.

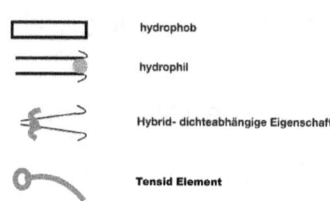

Abbildung 3: Vereinfachtes Beispiel einer geschlossenen hydrophoben Materialstruktur, einer mehrheitlich halbseitig offenen hydrophilen Röhren/Kreisel Struktur, einer sich verengenden Röhrenstrukur und hydrophoben mit Bandenlement jeweils in Schnittdarstellung.

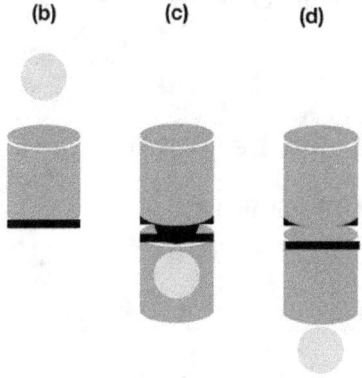

2': Einseitig offene zylinderförmige Strukturen müssen zur Impulsweiterleitung entsprechend angeordnet sein. Ein einfallendes „Elektron" (b) wird bei der Impulsweitergabe durch eine flexible Trennwand im Ausbreitungspfad (c) entsprechend ersetzt und weiterbewegt (d). Ein verdrehen des einseitig offen Zylinders unterstützt die Impulsweiterleitung nicht.

Ein ähnlicher Effekt tritt bei überlappenden Plattenstrukturen auf.

Das [Komprimieren von Materialien]{.underline} führt zu den verteilten Veränderungen im "Rest" oder verschränkter Positionen. Es entsteht durch das Anhalten der Drehbewegung mittels z.B. einer Kollisionen, Licht, und zusätzlich zum erkennbaren "weißen" Rauschen Wärme. Auch führt das Reißen der verbundenen Luftmoleküle aufgrund der Erdrotation in gewissen Überschallgeschwindigkeitsregionen zu Geräuschen bzw. Impulsen. Die Geschwindigkeitsbestimmung erfolgt gewöhnlich anhand von Relativbewegungen vor einem „feststehenden" Hintergrund. Schwierig wird diese Art der Bestimmung, wenn der Hintergrund sich nicht konstant entgegengesetzt bewegt. Eine Überlegung, dass sich der Effekt der schweren Masse aus unterschiedlichen Rotationsschalen ergibt, endet bei der Suche nach der Begründung der Rotationsquelle.

Mittels der Weiterentwicklung des Gedankens einer Ausbreitung durch eine Verschiebung lässt sich „<u>Wärme</u>" oder auch Rauschen, durch die Bewegung von mindestens zwei Elementen übertragen. Eine Richtungsänderung ist möglich, wenn

<u>mindestens</u> zwei Kraftelemente wirken. (vergl. Newtonsches Gesetz). Zwei Elemente in Bewegung, im Zustand der Reibung, Kompression oder Kollision können durch die fehlende Messauflösung, nach der <u>Aufteilung</u>, als ein Element, das die Gesamtgröße variiert, angesehen werden. Die Ausbreitungsimpulssequenz, besonders von verbundener bzw. verschränkter Materie, kann als Welle erkannt werden, die in der Wellenlänge variiert. Zeitlich wiederholte und örtlich versetzte Impulse können eine periodische Schwingung im Raum/Material dazwischen erzeugen. Somit ist die <u>Welle</u> immer die Folge bzw. der <u>nachfolgende Effekt</u> zu einer anfänglichen Verschiebung. Besonders längliche Ma-

terieelemente eignen, bei der Anregung ausserhalb der Mitte, sich besonders zur Erzeugung einer Wellenausbreitung. Es ergibt sich daraus ein einfacher Zusammenhang zwischen Teilchen und Wellentheorie.

Höher temperierte Elemente haben eine größere Schwingungsamplitude. Absorbierendes bewegtes Material erwärmt sich, wie wir es z.B. im Inneren eines Planeten wie die Erde messen. Für diese Elemente ist die Bindungskraft kleiner als bei Elementen mit geringer Amplitude/Oszillation. Der "längere" strukturierte Leitungspfad erhöht die Wahrscheinlichkeit für eine Durchdringung ohne eine Kollision. Es kommt nicht zu der schon bei Newton bekannten Ge-

genkraft („Actio" und „Reactio"). Eine Diffusion als Konzentrationsausgleich unterliegt, neben der Materie Abhängigkeit von größenentsprechenden Durchgängen, dem gleichen Effekt der Streungslinearisierung. Die kreisförmige Anordnung von Tensiden um ein gelöstes Element basiert auf dem gleichen Effekt. Eine verstärkt bewegliche Materiekonzentration, z.B. durch eine Wärmezuführung/Bewegungszuführung, verteilt sich durch die einzelnen Impulsübertragungen und deren <u>Reflektionen an Materieübergängen</u> bzw. Reflektionen an umliegenden Materieübergängen. Einzelne Materialelemente (z. B. Gas) und <u>amorphe</u> Schichten (z. B. Glas) transportieren die Bewegung weniger als in eine Gitterstruktur integrierte Elemente. Dichtere Gitterstrukturen (z. B. Metall) geben mehr Elemente (z.B. Elektronen) über direkte Kollisionen am Elementübergang an ihre Umwelt ab. Dies führt zu einem besseren Kühleffekt. Gestoppte Rotationen fungieren als Impulsquellen von Teilkernbausteinen bzw. Strahlung und starten damit eine erneute Ausbreitung und Kollisionen. Nachgezogene Elemente stossen bei dem Stop an und werden reflektiert. Weniger Impulsbeaufschlagung und Kühlung stabilisiert die Materie Formierung.

Dieser Effekt ist von hydrophoben und hydrophilen Elementen bekannt. (vergleiche Abbildung 3). Die jeweilige Eigenschaft wird stark durch Symmetrie und Asymmetrie bzw. der Aufnahme von Materie Elementen zur Erzielung des ausgeglichenen Zustandes beeinflusst. Ein stabiles Rotationsmoment kann dauerhaft nur von einem ausgeglichenen Kreisel erzeugt werden. Mehrere dieser Elemente können sich linearisiert bzw. strukturiert nebeneinander in Ringform anordnen. Es ist daher notwendig, dass die kombinierbare Materie sich entsprechend (im Flüssigkeitsraum) verbindet. Tenside bestehen geometrisch gesehen aus einem verdickten Ende und angehängten Bändern. Die Rotationsanordnung eignet sich zum Einschluss von anderen

Schwebstoffen im Strömungsraum (vgl. Streuungslinearisierung).

2.2 Gitterstruktur, Raum Zeit, Dichteänderungen, Dichteverschiebungen und Kraft

Die Ausdehnung des Materie im Raum hängt vom Materie selbst und der Temperatur ab.

<u>Schneekristalle</u> sind in der Regel nicht geschlossene Oberflächen. Mit Hilfe eines länglichen „Kondensationskerns", der seine Hauptrichtung in Richtung zum strömenden Feld ausrichten wird, entsteht ein Impulsleiter. Der längliche Kondensationskern kann sich auch aus einem kugelförmigen z.B. Kohlenstoffelement und einer stattgefunden

hinzugefügten Ansammlung in der Strömung ergeben haben. Dieser Kondensationskern kann sich z. B. zwischen „Dipolen" in Form einer Zylinderform ausrichten. Es eignet sich eine in erster Näherung röhrenähnliche Struktur z.B. aus <u>Wasserstoff</u>. Aus der Sicht des Autors sollten verschiedene „Wasserstoffröhren" Durchmesser, Längen und Breiten existieren. Wobei die Röhre im weitesten Sinne verstanden werden muss. Diese kann sich durch eine Anordnung von flachen Elementen bilden, innen durchströmt werden. Diese Anordnung kann auch über die Länge geöffnet sein oder am Ende mit einzelnen Durchlässen geöffnet sein und am Auslass bildet sich die sternförmige Austrittsanordnung. Die Austrittsanordnung findet in älteren Darstellungen einen kugelförmigen Abschluss- das „Proton". Dieses verfügt in Darstellungen über eine Oberflächenstruktur ähnlich der in Abbildung 2 dargestellten. Durch die Öffnung über die Langseite entsteht je nach Faltung ein Rand der von der Geraden abweicht. Diese Abrundungen und Verdrehungen führen zu eigenen Beugungsmustern beim und Drehungen beim Lichtdurchtritt. Bei einer Durchströmung entlang der Hauptachse, wird der Austritt kantiger wenn die Röhre im inneren „verstellt" ist oder der Rand Öffnungen aufweist. Diese Öffnung erzeugen in der Querströmung sternförmige Anlagerungen. Die Flexibilität dieser

Röhren bildet die Grundlage von Materieverknüpfungen und Windungen. Jede Anregung in Form einer Störung bzw. eines Impulses führt zu einer Verschiebung des Materials. Eine innere Verstellung, z.B. durch Natrium, eignet sich als eine Art „Klemmkeil" für Materialverbindungen (Ionische) oder auch eine Kohlenstoffstruktur. Der Kristall bewegt sich oft in zyklischen Wiederholungen und bildet damit auch Hohlräume aus. Die Anlagerung an das Material des „Kondensationskernes" verändert sich entsprechend des sich ausbreitenden Impulses und seiner Reflektionen am Ende bzw. Übergang zu einem anderen Medium/Dichte. Das „Ende" kann auch an einer Materieänderung erreicht werden. Es entsteht das Erscheinungsbild einer sich ausbreitenden Welle. Läuft ein solcher Impuls von einem Ende zum anderen auf/in dem „Kondensationskern" erzeugt dies am Ende eine Weiterleitung und Reflektion durch eine Längenänderung ds gegenüber der ursprünglichen x,y Ausbreitung. Maßgeblich ist dabei die Materialstruktur bzw. Form des Impulsleiters. Wasser hat durch die Verbindung aus Sauerstoff und den angehefteten Wasserstoffelementen eine Form die, die weitere Ausbreitung am Ende des Materials in den charakteristischen bekannten Winkeln des gefrorenen Schnees erzeugt. Andere, in der Nähe befindliche Dipole, können dadurch erreichbar werden und verbinden sich im maximalen Abstand zum Ende oder im Rücklauf, zum gegenüberliegenden Röhrenende, in Strömungsrichtung, der Krümmung folgend. Trifft ein Impuls oder Materieelement zufällig von einer anderen Richtung ein, entsteht in der Fortführung eine Materialverschiebung die möglicherweise andere Elemente bindet. Der Winkel wird für eine höhere Anhaftungswahrscheinlichkeit bei einer direkten Reflektion an einer geeigneten Oberfläche kleiner gleich 90 Grad zur ursprünglichen Durchströmungsrichtung betragen. Gefrorene Wassermoleküle in einem gewissen Abstand, können auch Winkel bis 180 Grad annehmen. Maßgeblich ist die Materialstruktur des anhaftenden

Elementes oder eine Kreisströmung für die Winkeleigenschaft. Auch ist es sehr wahrscheinlich, dass mehre dieser Wasserstoffröhren mit den kapitelartigen Auswüchsen sich am freien Ende durch ein Einstecken verbinden. Daraus lassen sich Dreiecksformen oder Sechsecksformen usw., konstruieren. In der Verbindung mit festen Oberflächen erzeugt, neben einer reinen Impulsweitergabe, der den Protonen immanente Drehimpuls Krümmungen. Bekannt sind „Eisblumen" auf Scheiben mit ihren gewundenen in alle Richtungen sich ausbreitende Windungen. Hier zeigt sich wieder der Unterschied zur bisherigen Betrachtung. Gemäss der Mittelpunktmassenanziehung würde sich die Eisblume geradlinig zum Mittelpunkt der größten Massenanziehung ausbreiten. Nur durch die Reflektion auf der naheliegenden Masse z.B. der Erdoberfläche und des vorhandenen Strömungsfeldes, können sich gewundene Ausbreitungen in alle Richtungen ergeben. Neben dem Effekt der weiteren Anlagerung durch die Impuls bzw. Strömungsfeld-Ausbreitungsrichtung, atmosphärisch rotations-bedingten Drehungen, wird bei kälteren Temperaturen der Krümmungseffekt am Kondensationskern wirksam. An der Grenzfläche zum Kondensationskern besteht ein Gleichgewicht zwischen den verschiedenen Aggregatzuständen und es ist eine geradlinige Ausbreitung zu erwarten. Die Oberfläche von Anlagerungen muß sich aufgrund der vorherrschten Strömung krümmen. Die herrschende Strömung wird durch Objekte bzw. Materie in der Nähe verändert. Aus diesen Bedingungen entstehen Formen. Eine der wichtigsten Orte für Materiezusammenfügungen sind beruhigte Zonen die sich aus <u>Schnittmengen von Weltraumobjekten</u> ergeben. Ein Halbmond/ Mondsichel, Ringausschnitte etc. als Schnittmenge zweier Planetenoberflächen oder Konjunktionen bilden reflektiert abgerundete dreiecksähnliche Elemente aber auch das einfache Anheften in der beruhigen Zone zwischen zwei strahlenförmigen Ausbreitung. Der gekrümmte Bogen wird sich aufgrund der wirkenden Kräfte zum Zentrum des Kernes ausrichten.

Die Euler Funktion und der gespiegelten Abbildung (e hoch (-)x oder auch Dichtefunktion der Expotentialverteilung genannt) entspricht dem „Kanal" zwischen zwei realen Planetenformausschnitten oder im nicht mehr sichtbaren Bereich zwischen „kugelähnlicher Materie" wie z.B. den Lichtträgern. Materie kann entsprechend sich in dieser Formen und Zwischenräume ansammeln und ausbilden. Die Normalverteilung (nach Gauss, bildet diesen Materieraum wieder ab, gewöhnlich unter Anwesenheit von Wasser, vgl. auch die Sinusfunktion). Der Raum kann durch mehrere „Objekte" begrenzt werden. Es entstehen Vertiefungen und Erhöhungen in der dreidimensionalen Normalverteilung. Strömungen in diesem Bereich führen, wie bereits erläutert, zu Reflektionen die Charakteristik entsprechend ändern.

Im Gegenteil bilden die Bereiche ohne eine Schnittmenge vor einem Quell-aktiven Raumobjekt einen Bereich verstärkter Aktivität im Strömungsfeld.

Auch ist die bewegte Materie, welche aus im Strömungsfeld befindlichen Wasserelementen resultiert entsprechend gekrümmt. Durch die ständige Strömung entstehen zudem Formen die als Erosionsform angesehen werden. Wasser ist als

Erosionsform zwischen Kohlenstoff/Silicium-fulleren und Wasserstoff/Sauerstoffverbindung denkbar. Eine fünfeckige gerichtete Volumenform vgl. ein Pentagonhexakontaeder erzeugt in einer Strömung entsprechende Vertiefungen auf einer Röhrenstruktur.

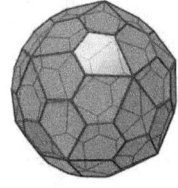

Abbildung 3': Pentagonhexakontaeder (Quelle Wikipedia).

Entgegengesetzte Strömungen bilden Scherspannung aus. Es entsteht eine Kraft die an den Kanten am effektivsten zur Erosion wirksam ist. Ein Mass der Scherspannung ergibt sich aus der Viskosität des Weltraum, die jedoch auch dem Teilchenstrom und damit der Massedichte folgt. Unter der Annahme, dass der Weltraum mit sehr vielen, sehr kleinen Teilchen gefüllt ist, ergibt sich eine hohe Massedichte, im Gegensatz zur <u>Vakuumvorstellung</u>. Entscheidend dabei ist die fast unendlich kleine Teilchengröße und die geringe Verknüpfung. Bei einer sehr ähnlichen Teilchengröße würde der Begriff „homogenes Plasma" eine treffende Begrifflichkeit bieten. Diese Sichtweise eröffnet eine einfache Betrachtung der Massen-Geschwindigkeitsabhängigkeit. Betrachtet man dies aus der Perspektive einer praktischen Berechnungsmöglichkeit, ergibt sich aufgrund der angenommen losen Teilchenfügung und -grösse eine notwendige Vernachlässigung und es ergibt sich wieder ein fast leerer Raum.

Ein sich bewegendes Teilchen wird durch die Kollision mit anderen Teilchen verformt. Diese können elastisch oder einseitig unelastisch vor sich gehen. Gleichzeitig besitzen manche Teilchen einen Drehimpuls der weitergeben wird und eine entsprechende Scherspannung die während der Weitergabe bewirkt. Einen umgekehrt proportionalen Zusammenhang zwischen Masse und dem Quadrat der Geschwindigkeit, mit einem Bezug zur Energie, wird vom Author nicht immer unterstellt, da zumindest der Drehimpuls in einer gerichteten Bewegung zwischen verschiedenen Teilchen abweichen kann. Es kann vorher zu Kollisionen gekommen sein und bei der Betrachtung an einer definierten Durchtrittsfläche (zwei Richtungen, zwei mögliche räumlich Ausbreitungsgeschwindigkeiten bzw. Geschwindigkeit zum Quadrat- je nach angenommener Ausbreitungsfunktion) oder Reflektionsfläche, können parallele Teilchen verschiedenen Drehimpulse aufweisen, die jeweils zu einer entsprechenden Verformung der Materie führen. Eine Reflektion von dreieckigen Strukturen an diesen gekrümmten „Spiegelelementen" bildet den gut erkennbaren sechseckigen Kristall, wenn die zu bildende Struktur im Verhältnis klein gegen die Reflektionsstruktur ist und damit als Gerade wirkt. Gleichzeitig dient eine solche nach innen gekrümmte Reflektionsebene auch als Grundstruktur zur Kugelbildung. Teile dieser können auch durch eine schräg einfallende Strömung in eine Röhre oder einen Ring entstehen. Eine in einer Schicht kreisförmig oder spiralförmige rotierende Masseströmung eignet sich als eine Reflektionsfläche zur Erzeugung einer kugelförmigen Struktur. Aus sich schneidenden Austrittslinien, die ihre Quelle verlassen (siehe Abbildung 7) entstehen u.a. kantigere spitzwinklige Strukturen etc.

Analog zu den oben erwähnten Röhren lagert sich auch um rotierende kugelförmige Verdichtungen Materie an. Dabei können zwei gegenläufige "Rotationskugeln" umschlossen werden. Eine längliche Verzerrung dieser Struktur, möglicherweise in zwei orthogonalen Richtungen, ergibt eine häufig vorkommende Materialstruktur.

Aufbrechende Strukturen vor einer Verschiebungs- oder Fusionsquelle bilden aufgrund der Austrittsgeometrie andere Formationen (siehe Abbildung 10).

Wir registrieren durch die verteilten Quellen im Weltraum mehr als eine Richtung des Strömungsfeldes. Mehrere Hauptströmungsrichtungen werden auf oder neben der Erde beobachtet. Fünf lassen sich gut, z.B. aus Schneekristallen, erkennen. Auch in traditionellen Symbolen wie z.B. das zum Lateinischen Kreuz schräg erweiterte Kreuzsymbol des Byzantinischen bzw. Russischen Kreuzes, könnte dies in einer weiteren Auslegung den Strömungsrichtungen, zur bekannten Höllen- und Himmelssymbolik zugeordnet werden. Selbst aktive schwarze Löcher lassen sich den Austrittsstellen am Kreuz zuordnen.

Zellanordnungen von Pflanzen und Lebewesen weisen in einigen Beispielen ähnliche Anordnungen auf. Ein Zelle mit der äußeren Zellwand als Ring und Membranöffnung bzw. Zellpumpen als kleine Zwischenwirbel.

So genannte <u>Gravitationswellen</u> sind, entsprechend der oben erklärten Theorie, Dichte Änderungen im Raum, die durch die Kettenreaktion der primären Verschiebung und des Impulses verursacht werden. Die Veränderung ergibt sich aus <u>„weiten" Kollisionen</u> die ein sich ausbreitender Impuls verursacht (vgl. auch [7] Gravitationswellen). Für die Zuordnung zu „weiten" Kollisionen und „engen" Kollisionen wird entsprechend für die weiten Kollisionen eine Überbrückung eines Raumes außerhalb der wirkenden Kernbindungskräfte und für die zweite Form ein direkter Kontakt der Kollisionspartner angenommen. Als Kernbindungskräfte werden die Kräfte verstanden die zur Trennung des direkten Verbundes aus Kernbausteinen, Protonen, Neutronen und anderen direkt verbundenen bzw. kreisenden Elementarteilchen notwendig ist. Die spezifischen Materieverbindungen sind durch ihren Erzeugungsort möglicherweise im Detail wesentlich stärker verbunden als einzelne Materieschichten. Ein Entstehungsort mit einer um Potenzen höheren Temperatur erzeugt festere Strukturen die nicht vergleichbar sind mit einfachen Schichtungen. Wasser entflieht und zurückbleibende Strukturen verlieren die Flexibilität. Materiefestigkeiten werden dadurch um

Größenordnungen höher aber gewöhnlich auch mit Hohlräumen durchsetzt. Man vergleiche dazu z.B. Faktoren im Coulomb Gesetz und Festigkeitswerte von Baumharz im Vergleich zwischen dem flüssigen Zustand und dem getrockneten Zustand als Bernstein. Im Gegensatz zur Temperaturerhöhung, die eine Zunahme der Materiebewegung zur Folge hat, ist der umgekehrte Zustand eine Zunahme der Dichte durch eine Abnahme der Materiebewegung. Ein gedämpfter Impuls führt zu einer Beruhigung dieser. Eine Dämpfung, also ein elastischer Stoss, läßt sich durch ein Federsystem erzeugen. Übereinander geordnete Materiestapel begünstigen diesen Effekt und dämpfen ankommende

Impulse maximal. Es entsteht im Vergleich zum ungedämpften Betrachtungsraum eine Temperaturabnahme.

Abbildung 3'': Vereinfacht dargestellte Wasserelemente im Übergang zum Dichtemaximum

Eine Längs- Vorwärtsbewegung (longitudinal) einer länglichen Materiestruktur (Wasserstoff), die eine Drehung, vorstellbar als Wippbewegung, erhält, kann in einer zweidimensionalen Projektion als <u>Sinus-Kosinus</u>-Form erkannt werden. Mit anderen Worten ist die zuvor beschriebene bekannte periodische Schwingung einer Ausbreitung einer Kreisbewegung- einem Oberflächenpunkt folgend. Die länglichen Materieelemente (Stäbchen) eignen sich in der Projektion einer stationären geordneten verteilten Rotation auch zur Darstellung einer sechseckigen Struktur (vgl. Kohlenstoff).

Die sich ausbreitende Wellenbewegung, die durch eine äußere, d.h. nicht im betrachteten Materialelement, Verdichtungskraft/-Impulse eingeleitet wird, wird sich, je nach dem einzelnen Ausbreitungskanal, z.B. im Material, verbreiten (auch Induktion genannt). Andere Verschiebungen verbreiten sich besser um Material herum. Es ist anzunehmen, dass sich die definierten Gravitationswellen einer niederfrequenten Welle ähneln, sich durch weite Kollisionen ausbreiten, auch reflektiert werden und gegebenenfalls Strukturen bei geeigneter geometrischer Konstellation, zu höherfrequenten bzw. hörbaren Schwingungen anregen können.

Monde können in ihrer Umlaufbahn beeinflusst werden. Die Änderung der Ekliptik wird als direkte Wirkung der Reflektionen z.B. aus der Oberflächenstruktur des zentralen Planeten betrachtet. Reflektionen in der vom menschlichen Sinne wahrgenommen Form der Lichtreflektionen scheinen ihre Höchstgeschwindigkeit im Vakuum zu erreichen, aber kleinere komplexe Verschiebungen könnten theoretisch zu <u>schnelleren Ausbreitungen</u> führen. Dabei ist als Grund z.B. eine Anfangsbeschleunigung, eine kollisionsfreie Ausbreitung und eine sprunghafte Ausbreitung bzw. Verschiebung denkbar. Unter Berücksichtigung dieser Betrachtung können zwei Räume, je nach Material/Struktur dazwischen, andere Verbindungen im Sinne der Ausbreitungsgeschwindigkeit erlangen. Die Theorie über so genannte <u>Wurmlöcher</u> läßt sich somit auch in diese Theorie einordnen. Die Ausbreitungsgeschwindigkeit wird durch den Pfad und den Transferraum und der sich darin befindlichen Materie beeinflusst (z.B. Röhren, Ringe einer anderen Dichte). Letztendlich ändert sich die Form der sich im Ausbreitungsraum befindlichen Körper entsprechend dem wirkenden Strömungsfeld. Ein Mond der seinem Gravitationspartner immer die gleiche Seite zeigt, sollte sich durch den „Zug" in die Richtung des Gravitationspartners verlängern, wenn die wirkende Kraft nur von dem Gravitationspartner ausgeht. Ein Strömungsfeld „treibt" diesen Körper je nach Festigkeit im gleichen Zustand weiter.

Der sich ausbreitende Impuls erzeugt Quanteneffekte (zwei überlagernde Zustände eines Atoms, vgl. auch [5]). Der (wasserstoffhaltige) Raum wird durch eine in Ausbreitungsrichtung als Gauß-Verteilung vorstellbare Ausbreitung beeinflusst, (in einer ersten Annäherung- besser "ein Kegel mit aufgesetzter Kugel", (vergleiche Abbildung 10)". Geringere Verschiebungen können mittig/längs der Ausbreitungslinie oder parallel zur Mitte der Hauptausbreitungsrichtung gemessen werden, die Beeinflussung kann als Verschränkung bezeichnet werden. Die Verschränkung sollte in Relation zur Materialverteilung oder Verknüpfung stehen. Die Ausbreitungs<u>trajektorie oder der „Weg"</u> einer Materie hängt, neben der Materie Deformation bzw. dem Ausbreitungsmedium, von der Umgebung ab, von querenden Strömen und erweitert sich möglicherweise. Diese querenden Ströme oder Teilcheneinflüsse integrieren die <u>Chaostheorie</u> in die Strömungsfeldtheorie. Ein Vorgang wiederholt sich nicht identisch da seine Umgebung variiert. Mit anderen Worten, der 3D-Pfad <u>variiert,</u> je der Ausrichtung der Materieelemente, und dies nimmt mehr oder weniger Zeit in der gewählten Zeit Einteilung in Anspruch. Die zeitlich veränderliche bzw. Umgebungsdichte abhängige Materie Deformation oder die Verzerrung durch einen geänderten Brechungsindex führt leicht zu Fehleinschätzungen zur wahren Grösse eines zu vermessenden Objektes.

Im existierenden Verständnis ist es hilfreich, den Begriff für das standort- und dichteabhängige variierende Erscheinungsbild eines zeitlich versetzten Vorganges zu verfestigen. Ein identischer Vorgang, aus theoretisch zwei Standorten betrachtet, wird durch die Laufzeit des Lichtes, je nach Entfernung, versetzt wahrgenommen. Ein Beobachter kann zwei räumlich entfernte Lichtquellen betrachten. Abhängig vom Zeitpunkt des Einschaltens, der Raumdichte und der entsprechenden Entfernung zum Beobachter entsteht eine individuelle Wahrnehmung des Vorganges. Ein späteres Einschalten kann z.B. aufgrund der kürzeren zurückgelegten Strecke durchaus als früheres Einschalten, im Vergleich mit einer zweiten Lichtquelle, individuell wahrgenommen werden. Analog führt eine unterschiedliche relative Bewegungsgeschwindigkeit des Beobachters zum umgekehrten Eindruck, da die physikalischen Größen Weg, Zeit und Geschwindigkeit verknüpft sind. Wenn der Beobachter sich schneller bewegt scheint die Ausbreitung des Lichtsignales langsamer vor sich zu gehen (Zeitdilatation). Es handelt sich aber in beiden Fällen um einen optischen Eindruck und nicht um einen schnelleren Ablauf eines Prozesses! Zur vollständigen Betrachtungsweise, dass der Ort an dem der Beobachter sich befindet, jeweils ein anderes Zeitbild aufgrund der verschiedenen Entfernungen die das Licht bis zu diesem Ort zurücklegen muß, liefert, ist die Kenntnis der Dichteverteilung auf den jeweiligen Ausbreitungspfaden umfassender. Das quantisierte Strömungsfeld beantwortet Einsteins Frage nach der Quelle der nicht lokalen Eigenschaften. Die starken und schwachen Kräfte zwischen Materie können mit dem selben Strömungsfeld Effekt erklärt werden. Im ersten Fall, werden einzelne Materie Elemente davon beeinflusst, im zweiten Fall rotierende freigesetzte Materie/ Ketten/Röhren/Hebel/ Pendel, die möglicherweise wiederum eine Kettenreaktion in unmittelbarer Nähe durch kollabierende bzw. stossende Massen auslösen können.

Bell's Ansicht [6] der "fernen" Verschränkung oder nicht lokale Merkmale können mit dem gemeinsamen Strömungsfeld auch im entfernteren Raum erklärt werden. Entfernt ist dabei ein Einfluss, der von der Quelle weiter als der Wirkungsort entfernt ist, der in Lichtgeschwindigkeit erreichbar wäre ohne einen lokalen Effekt durch eine direkte Verbindung zwischen ihnen, z.B. mittels einer Gitterstruktur verbunden zu sein.

Eine Menge von verschränkten Partikeln ist in der Fernwirkung, d.h. ein Ereignis geschieht entfernt über eine nahezu identische Strömung verbunden. Eine Menge von dicht aneinander gebrachte Partikel kann als verschränkt angesehen werden aber auch bereits durch einen vorausgegangen Verbindungsmechanismus entstandene Materieketten.

Einsteins <u>Raumkrümmung</u> kann in direkte Beziehung zur Verteilung der <u>Strömungsdichte</u> gebracht werden, Kollisionen in der <u>dichteren Sequenz</u> und die Stärke des strömenden Feldes nimmt zu oder wird reduziert. In diesem Zusammenhang bedenke man die Ablenkung bzw. Streuung durch rotierende Protonen. Die dichtere Sequenz kann im dreidimensionalen Weltraum, z.B. als kompakte Materie in Form von geschlossenen Ringen, sich kreuzenden Bögen, Stäben / Saiten oder Kugeln angenommen werden. Eine Näherung läßt sich als <u>nahezu dimensionslos</u> in der x,y Ausbreitung und der Relation lang in der Längenausbreitung z in Form einer „Linie"oder gewickeltem „Ring" als <u>String</u> beschreiben. Die Länge wird als wesentlich größer angenommen als die Breite. Im Beispiel repräsentiert der Ring die dichtere oder komprimierte Materie. Wenn die Ringe nahe beieinander liegen und verbunden sind, springt die Verschiebung oder der <u>Impuls</u> von Ring zu Ring. Mit der richtigen Impulsstärke ist dieser <u>Sprung</u> schneller als das Bewegen aller einzelnen Materialelemente zwischen den dichter verbundenen Materialien, ohne den eingefügten Ring. An anderer Literaturstelle werden die verteilten Verdichtungen gelegentlich in Verbindung mit dem <u>multidimensionalen Raum</u> gebracht. Hier nennen wir es <u>Dichteänderungen</u>. Jede bereits vorhandene Materieformation erzeugt eine Strömungsänderung und damit Dichteänderung in der umgebenden Strömung. Für diese Überlegungen wird anfänglich eine Gleichverteilung der Materie angenommen. In dieser entstandene Verknüpfungen stellen eine <u>Materieformation</u> dar. Die bisherige Argumentation, dass Licht keine Masse besitzt aber durch die Krümmung des Raumes abgelenkt wird, impliziert das der Raum eine Masse besitzt. Ansonsten könnte dieser nicht gekrümmt werden. Eine Änderung der Dichte aufgrund einer Verschiebung erscheint hier die realistischere Sichtweise.

Die Dichteänderung durch die Materialformation lässt sich aufgrund ihres Entstehungsprozess kategorisieren. Bekannt sind verschiedene Dichte-Stufen die sich z.B. mit Namen wie Gasplaneten, Planeten, weiße Zwerge, Neutronensterne und schwarze Löcher bezeichnet werden. Wobei in dieser Aufzählung die <u>Neutronensterne</u> als die dichteste Materieverteilung angesehen wird. Die durch einen heftigen Druck zusammen gepresste Materie weißt kaum Bewegungsfreiheiten einzelner Elemente wie Elektronen und Protonen mehr auf. Denkbar ist, nach dem Verdichtungsvorgang, die Entstehung einer kühlen, extrem Dichten Flüssigkeit. Eine extrem heisse Flüssigkeit könnte aufgrund der inneren Bewegungen keine hohe Dichte aufweisen. Auch muss die äussere Umgebung möglichst frei von anderen Strahlungsquellen sein, da ansonsten die Dichte wieder reduziert werden würde.

Wenn im Inneren einer Materieansammlung eine flüssige Füllung enthalten ist und diese möglicherweise zusätzlich mit einer abdeckenden Struktur versehen ist, gleichzeitig diese Materiestruktur eine Temperaturänderung, aufgrund von inneren Strömungen und deren Reflektionen, erfährt, kann es in periodischen Abständen zu <u>Materieaustritten</u> mit unterschiedlicher Dichte kommen. Durch die rotierende Komponenten sind diese zusätzlichen Dichteänderungen bzw. Verdrehungen unterworfen. Diese Thematik wird später im Kapitel 3.4 Konglomerat und Extruder noch einmal aufgegriffen.

Die <u>Zeit</u> wird <u>als</u> eine künstliche <u>gewählte</u>, aber prinzipiell beliebige <u>Einteilung</u> gesehen. Die Impulsverteilung und die dafür benötigte Zeit, wird als <u>abhängig vom Weg,</u> der von den Elementen/Materie genommen wird, angesehen. Erkannte

Zeitunterschiede durch Messung der Zeit in bewegten Systemen, werden mit den Unterschieden in den Bereichen Umgebung/Strömung, der Impulsübertragung und dem Austausch mit den Messgeräten erklärt. Es handelt sich <u>nicht</u> um einen veränderten Vorgang eines Zeitablaufes oder einer <u>Veränderung eines leeren Raumes</u>. Fehler in Distanzmessungen oder Größenmessungen können jedoch durch die dichteabhängige optische Änderung bzw. Verlängerung eines Ausbreitungspfades entstehen.

Die Impulsübertragung kann in folgender skizzenartiger Weise dargestellt werden:

Definiert wird eine richtungsabhängige Verschiebung und deren Ausbreitung (Verschiebungsausbreitung) die durch eine dreiteilige kartesische Beschreibung wie folgt dargestellt werden kann:

$$Verschiebungsausbreitung = \begin{bmatrix} X \\ Y \\ Z_) \end{bmatrix}$$

Ausbreitungsrichtung

$$Z_) = \begin{cases} Z_i = Z(n+1) - Z(n) & \text{wenn } Z_i \geq 0, \ Z(n)+i, M(n) \\ -Z_i & \text{wenn } Z_i < 0, \ Z(n)+i, M(n), ds \end{cases}$$

Wobei i,n von 0-> unendlich

Ein durch eine Verschiebung ausgelöster Impuls, z.B. ein Dirac Impuls oder andere durch Beschreibungen (Funktionen) eingrenzbare Bezirke erhöhter (Energie/Bewegungs-)

Dichte, verschiebt sich z.B. in Richtung der Z-Achse eines natürlichen Zahlenraums. Dabei wird Materie in Laufrichtung bewegt, verdichtet oder reflektiert (Z)). Die Dichte im Ausbreitungspfad wird, je nach Annahme, dabei während dem Passieren des Impulses durch eine Multiplikation mit dem Materiefaktor verändert oder bleibt gleich. Einfach vorstellbar ist eine rechteckförmige bzw. quaderförmige, sich ausbreitende Ansammlung von Materie, als Impuls. Materie im Ausbreitungspfad wird von der Verdichtung bzw. höheren Energie, passiert und entsprechend dem Materialzonenelement M durchdrungen und reflektiert. Das Materialzonenelement stellt dabei der Bereich einer Materie dar, der sich im betrachteten Ausbreitungspfad des Impulses befindet. Die Materialzone kann aufgrund ihrer Beschaffenheit, für verschiedene sich mit dem Impuls ausbreitende Materie durchlässig sein oder aber an dieser (teil) reflektiert werden. Als Beispiel ist ein Gitter im Ausbreitungspfad vorstellbar. Materieelemente mit einer gewissen Größe passen hindurch, andere Treffen das Gitter und werden reflektiert. Die Brechung wird einem Abbringen vom geraden Pfad zugeordnet. Im Falle der Reflektion breitet sich der Impuls in einer oder mehreren entgegengesetzten Richtungen aus. Die Torsion ist, aufgrund der Verschiebung aller bewegten Elemente, auch eine Reflektion des vom geraden Ausbreitungsweges abgebrachten betrachteten Teilchens. Je nach Winkelstellung und Materialzonenelement der Reflektionsfläche und den entstehenden Überlagerungen. Die dabei entstehende Ausdehnung eines Teilchens, vor der Reflektion, über die ursprüngliche X,Y Größe hinaus wird mit ds dargestellt. Die veränderte Ausbreitung in X, Y Richtung wird nur im Falle einer Kollision mit einem anderen Teilchen bzw. widerstandsbehafteten Raum angenommen. Das negative Vorzeichen bei Zi deutet dabei auf die entstehende Reflektion. Der zur Ausbreitungsrichtung aufgeführte Index i dient lediglich einer grafischen Darstellungsart.

Als Ersatzmodelle für eine Materieveränderung aufgrund des mit Materie belegten Raumes und dessen Durchdringung mit einem betrachteten Materieelement kommen auch Ellipseoiden als Ersatz für eine kugelförmige Startmasse in Betracht etc.

Eine einfache Beschreibung zur Übertragung für die <u>Dichteverschiebung und Kollisionsverzögerungen</u> an einem Punkt in der Zeit oder dem numerischen Index kann jeweils über eine <u>Übertragungsfunktion</u> beschrieben werden. Dabei werden zwei kollidierende Materieelemente vereinfacht in ihrer Materiestruktur beschrieben und in einer weiteren Verfeinerung läßt sich u.a. die Verformung in Beziehung zur Bewegungsänderungsgeschwindigkeit der kollidierenden Materieelemente berücksichtigen.

Eine Bewegung eines Teilchens in z-Richtung, wird in dieser Betrachtung bei einem durch eine x,y Dimension definierten Teilchen, im Falle der Kollision auf ein anderes Teilchen, eine zur Ausbreitungsrichtung orthogonale Verlängerung ds jeweils in x,y Richtung erhalten. Der Übergang des Impulses kann z.B. mit einer hyperbolischen Übertragungsfunktion, die den Raum zwischen kugelförmigen Materieelemente beschreibt, in der zeitlichen oder numerischen Schrittbetrachtung übergeben werden. Die Übertragungsfunktionen sind dabei ein Model der in Wirklichkeit möglicherweise komplizierten Oberflächenstruktur oder weiterführend auch die Berücksichtigung der inneren Struktur des Materieelementes. Als Beispiel für den Einfluss der Struktur des Materieelementes läßt sich die Relativgeschwindigkeit zwischen Wasserstoff- und Sauerstoffgasteilchen aufführen.

Die Dichteverschiebung erzeugt neben den Dichteänderungen in dem direkten Ausbreitungspfad auch Veränderungen in der Umgebung. Dies erzeugt Reflektionen. Aufgrund der Reflektion wird die sich ausbreitende Dichteverschiebung verändert und die Ausbreitung wird reduziert. Die ankommende Verschiebung ist abhängig von der Akzeptanz in einem Verhältnis zwischen Absorption, Übertragung und Reflektion. Bei einer sich in Z Richtung ausbreitende Impulsfront handelt sich um eine erzeugte Verschiebung, die sich abhängig von im Ausbreitungsweg befindlichen Materieelemente ausbreitet, stoppt bzw. reflektiert wird. Berücksichtigbar ist in einer Berechnung ein „bremsenden" materialabhängigen negativen Teil zur Reduktion der Ausbreitung, ergänzt mit einem Index.

Dieser Logik folgend, kann die Verschiebung nur dann eine <u>Kraft</u> entwickeln, wenn der Raum mit Teilchen gefüllt ist. Für eine erste einfache effektive Kraft- Einschätzung kann eine Ableitung mittels der in der Luftfahrt üblichen Auftriebsberechnung durchgeführt werden. Die Kraft die auf die Materie wirkt, würde einer Viskosität des gefüllten Raumes folgen, multipliziert mit der Geschwindigkeit der Materie im Quadrat und multipliziert mit dem effektiven/ beeinflussten Bereich. Dieser Flächenbereich befindet sich vornehmlich an der Oberfläche, kann aber auch in tieferen liegenden Strukturen beeinflusst sein.

Die Kraft F die auf die Materie wirkt wird definiert:

$$F = p \cdot v^2 \cdot A \left[\frac{\text{kg} \cdot m}{s^2} \right]$$

[Formel 1]

p = Dichte,

v = Geschwindigkeit der individuellen
Materie,

A = Die betroffene Oberfläche.

Die <u>Oberfläche</u> kann sich erhöhen, wenn eine <u>Eindringtiefe</u> berücksichtigt wird. Die Verschiebung liefert den Impuls, der in Relation zur Kraft steht. Zu bedenken ist dabei, dass eine Materie, die z.B. auf der Erdoberfläche, durch die äußere Strömung nach unten gedrückt wird, aufgrund seiner Beschaffenheit auch, entsprechend durch die Reflektion, in entgegengesetzter Richtung aufsteigen kann.

Die Geschwindigkeit v(x,y,z) der individuellen Materie ergibt sich in unserem System immer aus verschiedenen Richtungsgeschwindigkeiten. Die in Impulsausbreitungsrichtung und die durch die <u>Systemverschiebung</u> wirkende Geschwindigkeit. Diese ist bis auf transiente Störungen und Pendelbewegungen eine konstante spiralförmige Bewegung. Ein Mittelwert dazu kann ermittelt werden.

Die rückwirkenden Kräfte (FG) würden, ohne eine „Massenanziehungkraft", im Falle der nicht sich direkt anschließenden Massen, mithilfe der unterstützenden „Schirmwirkung" der eigenen/einer umliegenden Masse oder gedämpften/gestreuten Reflektion bzw. <u>Strömungsveränderung</u>, die Abstände zwischen den Massen schließen (siehe Abbildung 4). Die Richtung der Kraft orientiert sich dabei an möglichen existenten Strukturen zur Führung der Materieelemente und an den wirkenden Beschleunigungskräften im jeweiligen betrachteten Raum. Auf der Erde ergibt sich durch die Erdrotation die bekannte Spiralbewegung.

Vergleichsrechnungen mit der herkömmlichen Gravitationskraftberechnung zeigen sich anpassbar, je nach dem welcher Toleranzfaktor für die Gravitationskonstante eingesetzt wird. Die Unsicherheit der Gravitationskonstanten wird im Bereich von $1*10^{-5}$ angegeben. Zusätzlich läßt sich der Oberflächenfaktor aufgrund der real vorliegenden Materiemikrostruktur anpassen. Diese Mikrostruktur kann sich wiederum dynamisch durch ihre Ausrichtung und Bewegung ändern.

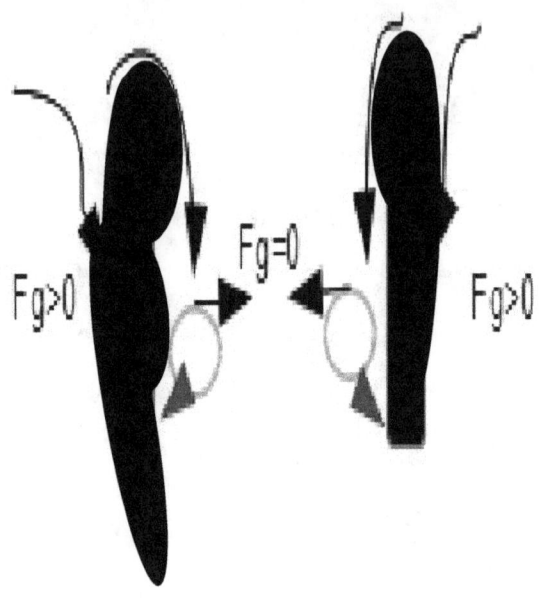

Abbildung 4:

Massenzusammenführung in einer umgebenden Strömung

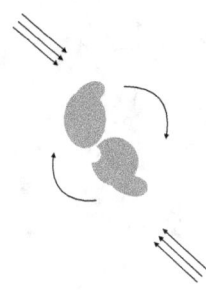

Abbildung 4': Entgegengesetzte Strömungen drehen Materie und führen bei geeigneten Vorraussetzungen zur Verbindung

Die Komponenten der Kräfte bzw. sich ausbreitende Verschiebungen mittels Materie, die aufeinander treffen, sich in ihrer Ausbreitung bremsen oder gegenseitig aufheben, dämpfen oder vollständig absorbieren, vergrößern nicht den Abstand dazwischen. Die auftreffenden Materieelemente verschieben die Materie entsprechend und können dadurch in der geeigneten Konstellation eine Lücke schliessen, d.h. komprimierend und gedämpft wirkende Kraftkomponenten deplatzieren bzw. verbinden atomare Strukturen. Asymptotische Strömungskomponenten bilden die ersten annähernden bzw. verbindenden Kräfte. Die Strömungskomponenten treten häufig bei <u>gegenläufigen Strömungen</u> an der Grenzfläche zwischen den diesen auf. Materieanhäufungen bilden gewöhnlich einen <u>Wirbel</u>. Diese Wirbel sind erkennbar als Knotenpunkte. Es wirkt die <u>Streuungslinearisierung</u> als Modell der sich ordnenden Elemente im Strömungsfeld.

Materieelemente werden bewegt, damit gestreut und ein Abstossung zwischen ihnen bildet regelmäßige Anordnungen aus. Entscheidend sind dabei die sich mischenden Größen und Dichte Verhältnisse der beeinflussten Materieelemente. Temperaturänderungen können die Bildung des Konglomerat stark unterstützen. Gut erkennbare Beispiele sind Kristalle. Anfänglich auf der Basis, sind die einzelnen Elemente noch sehr ungeordnet. Gleiche Elemente ordnen sich und bauen sich anhand der sich bildenden Gitterstruktur auf. Entscheidend für die entstehende Dichte sind die am Entstehungsort herrschenden Verhältnisse bzw. Temperaturverhältnisse. Es ist dadurch möglich, dass Mikrostrukturen eine wesentlich höhere Dichte aufweisen als Makrostrukturen.

Die für einen solchen Ausgleichsvorgang notwendige Zeit ergibt sich aus der anfänglichen Impulsbeschleunigung und dem Weg den das einzelne Teilchen beschreibt. Somit ist die künstlich eingeführte _Zeit_ eine sekundäre auch verzichtbare Messgröße. Trotzdem ist diese Messgröße ein brauchbares Hilfsmittel zur Beschreibung von Abläufen. Sich wiederholende Vorgänge können durch die eingetretene vorausgegangene Streuungslinearisierung erst im Sinne eines sich ausbreitenden Vorganges, wie z.B. einer Durchdringung, erfolgreich werden. Einzelne Materieelemente können so sich nach einer Impulsanregung an oder in der geeigneten Position befinden um einem nachfolgenden Materieelement die Voraussetzung für den Weitertransport zu ermöglichen. Viele Einzelelemente die sich in einem Verbund befinden, können z.B. durch einen Impuls weitertransportiert werden der in seiner Gesamtsumme die Einzelbindungen aufheben kann. <u>Zeitkonstanten</u> sind dabei ein Näherungswert bzw. eine Vereinfachung für die Summe der Einzelvorgänge. Vergleichbar ist dies mit den sogenannten <u>Fraktalen</u> als Vereinfachenden Faktor für eine differenzierte Oberflächenstruktur.

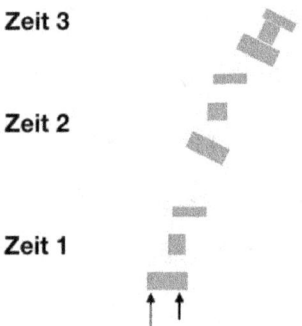

Abbildung 5: Bewegliche Materie-elemente mit Absorptionsverhalten, zu drei verschiedenen Zeitpunkten, nach wiederholten Impulsanregung als Beispiel für die Linearisierung bzw. Bündelung in der Materieanordnung

Besonders wirken sich bereits entstandene im Weltraum existierende Objekte bei der Veränderung des Strömungsfeldes bzw. der Dichteverteilung aus. Strömungen um mehrere Planeten werden, in gewissen Entfernungen, je nach Überdeckungskonstellation verschiedene zeitliche versetzte materieumrandete Kreisausschnitte erzeugen. In der zeitlichen Betrachtung ergibt sich eine Anordnung dieser verzogenen Kreisausschnitte auf einer gedrehten geöffneten Wirbellinie

(siehe Abbildung 5').

Abbildung 5´: Wirbelentstehung aus Verdeckungsmaterieansammlungsformen

Trifft nun auf diese Konstellation eine

geeignete Gegenströmung kann sich ein verdichtbarer Materiering, der sich zur Sternentstehung eignet ist, ergeben. Durch den gleichen Abschattungseffekt können die jeweiligen Enden sich zu gespiegelt wirkenden S-förmigen Formationen verbinden.

Ansicht 1	Ansicht 1 Detail 1 Entladungsvorgang	Ansicht 1 Detail 2 Neuer Materiekanal/ Verbindung

Abbildung 4': Beispiel für die Materieverbindung aufgrund von lokalen Temperaturerhöhungen

Planetarische Einzelmaterieringe können durch Reibung Elektronen ansammeln, die z.B. mit Hilfe eines Eisstrings, oder allgemein eines Materiestrings bzw. einer metallischen Verknüpfung, eine sich erhitzende

Entladung bzw. einen Lawinenkanal erzeugen. Unter (Eis)String wird hier eine gefrorene dreidimensionale Wasserkette verstanden. Möglichlicherweise ist die Kette auch nicht vollständig geschlossen und kann entsprechend überbrückt werden oder schliesst sich allmählich. Eine eindimensionale Kette möge ein mathematisches Modell sein aber praktisch wird diese als nicht realistisch angesehen. Es entsteht besonders nach dem Abkühlen eine Materieverbindung zwischen zwei vorher unabhängigen Materiewirbel bzw. Blöcken, Scheiben, Ringen etc..

Eine <u>analytische Berechnung</u> der Vorgänge von der ersten Verschiebung, der Ausbreitung dieser Verschiebung z.B. als Impuls, durch einen Raum mit gewissen Eigenschaften bis zum einem Materieelement an dem schliesslich eine Kraft wirkt wurde in der Vergangenheit immer wieder versucht geschlossen analytisch zu berechnen. Dabei sollten u.a Materieansammlungsvorgänge bzw. Ausbreitungsbahnen, wie z.B. die Konstellation in unserem Sonnensystem berechnet werden.

Dem Gedanken folgend, dass die der Dichteverschiebungsvorgänge überall entstehen können und dadurch das treibende Strömungsfeld bilden, wird eine numerische Berechnung als der sinnvolle Weg zur

Berechnung und Vorhersage aller Vorgänge zur Materie-Formation bevorzugt. Die unregelmäßige Dichteverteilung im Raum erzeugt keine alles beschreibende analytische Lösung.

Zur <u>numerischen Berechnung</u> der im Strömungsfeld auftretenden Kräfte im Weltraum kann ausgehend von der oben dargestellten Berechnungsvorschrift für die Kraft F, dass zu berechnende Volumen entsprechend der rechentechnisch vorhandenen Auflösungsmöglichkeit gewählt werden. Die gleichartige Reaktion von verbundenen Elementen bedarf der gesonderten Beachtung. Denkbar ist die Schachtelung der verschränkten Volumenelemente.

Die Wirkungsfläche, bzw. Reflektionsfläche ist entsprechend (oder vereinfacht) der festzusetzenden Materieoberfläche gestaltet und der ankommende Impuls wird entsprechend der 3D Oberflächenbeschaffenheit weitergegeben, gestreut bzw. reflektiert. Bei einer vereinfachten angenommenen punktförmigen Auftrittsfläche ist diese entsprechend reduziert und der Minimalwert (der Rechenauflösung) entspricht der untersten oder festgesetzten Minimalreflektion bzw. Ausbreitungsdämpfung. Eine Reflektion ist immer nur an einem Teilchen möglich. Dies entspricht praktisch einer unendlich kleinen Materieverteilung zu jedem auflösbaren Raumpunkt.

Die Geschwindigkeit des Aufbreitungsvorganges bzw. der Verschiebung wird entsprechend der Impulsquelle gewählt, z.B. als Lichtgeschwindigkeit für Photonen/Lichtträger.

Es wird nun zu beliebigen Punkten im Raum die wirkende Kraft zu einem Zeitpunkt an einer Wirkungsfläche berechnet. Die Form der Wirkungsfläche ist dabei anpassbar, veränderlich und wiederholend anregbar. Diese entscheidet über die entsprechende Weiterleitung oder Reflektion des Quellensignales. Zusammenhängende bzw. verbundene Materieelemente werden über die Wahl der Volumeneinteilung zur Dichte-Variable eingebracht und führen möglicherweise zu einer Verkettung von einzelnen Berechnungsgrößen. In der Weiterentwicklung der numerischen Berechnung ist, zur Erzeugung von Flächenformänderungen und periodischen Schwingungszuständen der Auftrittsfläche, je nach gewähltem Berechnungsschritt n oder Zeitpunkt, die Wirkungsfläche veränderlich.

Die Reflektion des Signales (der Verschiebung) findet am festgesetzten Minimalwert zwischen den einzelnen Materieelementen statt. Das Signal wird weiter im Raum reflektiert und berechnet bis ein unterer festgelegter Schwellenwert (entspricht der Ausbreitung gleich 0 oder keiner Dichteverschiebung) des schließlich stark gedämpften Signales erreicht ist. Das Quellsignal läuft langsam aus. Andere Signalquellen und an der Fläche wirkende Kräfte, addieren sich zu jeweils dem voreingestellten identischen Zeitpunkt.

Entsprechend ändern sich die Reflektionswinkel Möglichkeiten, es folgt eine Änderung in x,y Richtung, der Abzug der Ableitung beschreibt die Schwingungsänderung, bedingt durch eine Änderung in der Ausbreitungsrichtung.

Nun lässt sich die wirkende Kraft an jeder Materiekörperstruktur oder Materie, einschließlich des Raumpunktes, simulieren.

2.3 Die schwache und starke Kraft

Seit vielen Jahren wird „The Grand Unified Theory" diskutiert. Die Einordnung der verschiedenen Größenordnungen der Kräfte, als schwache, starke Kernkräfte und der elektromagnetischen Kraft, gelingt mit dieser Betrachtung zur Materie Formation, wenn der Aspekt des einen Urknalls vernachlässigt wird. Da in dieser These auch die „Gravitationskraft" mit einbezogen wird ergibt sich die gesuchte „Theory of everything".

Materiebündelungen im Strömungsfeld und die notwendige Kraft dazu, entwickeln sich wie bereits erläutert, aus emittierenden Quellen und Senken wie der Sonne/ der Sterne-Aktivität etc.(vgl. auch [1]).

Das <u>Strömungsfeld</u> wird dabei nicht als elektromagnetisches Feld im klassischen Sinne verstanden und auch nicht nur als der bekannte „Sonnenwind". Der Begriff stellt einen übergeordneten Namen, für alle Formen der Veränderung im Weltraum, dar.

Beobachtet wird eine, durch die anhaltende einströmende Fusionsaktivität in z.B. allen Sonnen/ Sternen erzeugte, ausgehende quantifizierte Strömung (eine Verschiebung, unabhängig von deren Richtung). In dieser Betrachtung erschliesst sich quantifiziert im Sinne von zählbaren Einzelelementen. Dieser Materie- bzw. sogenannter Strahlungsaustritt erzeugt in der Umgebung der Sonne / Sterns / Strahlungsquelle ein Strömungsfeld oder <u>quantifiziertes Strömungsfeld</u>.

Das bekannte <u>Vakuum</u> im Weltraum wird nicht als leer angesehen, sondern als das untere Ende der heutigen Detektier- und Messauflösung.

Die schwächeren Kräfte können auf den ersten Blick nicht mit den <u>starken Kräften</u> verglichen werden, die in einigen Kernreaktionsprozessen sichtbar werden, dennoch ist der Mechanismus der Selbe. Unterscheidungen mögen durch die zuvor erwähnte ungleiche Dichte der Materie entstehen. Unter extremen Temperaturen entstandene Materie zeigt sich gewöhnlich dichter und damit stärker verbunden bzw. durch viele Einzelimpulse bei der Entstehung dicht verzahnt.

Betrachtet man die Reaktion von starken Kernreaktionen, muss die Kraft oder spezifischer, das Materie Element beschleunigt oder vorgespannt werden, bevor die starke Reaktion stattfindet.

Eine mögliche Beschleunigungsvariante ist die in Abbildung 6 illustrierte. Dargestellt ist ein Kreisel der durch eine Strömung bzw. Einzelmaterieimpulse angetrieben wird. Dieser

Kreisel verfügt über Verlängerungen, die bei einer gewissen Rotationsfrequenz aufgrund der umgebenden Materie, eine Kraftmoment- Verstärkung bewirken und sich ablösen.

Gleichzeitig kann auch ein zuvor geschlossener Hohlraum durch die beschriebenen Kraftmomente oder Stossprozesse einbrechen. Das umgebende Medium strömt in diesem Fall hinein und wird reflektiert. Typische Beobachtungen zu „Atompilsen" passen zu dieser Art der Strömung.

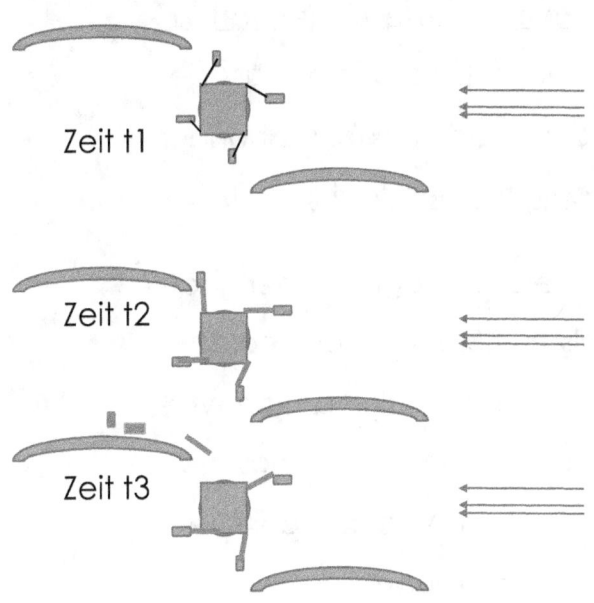

Abbildung 6: Schematische Darstellung von einem in einer Struktur eingebetteten beweglichen Rotationskörper, zu verschiedenen Zeitpunkten einer Präzisionsschwankung, aufgrund einer Störung, die zu Materieabstandsänderungen und Materieablösungen führt.

Für eine <u>mittlere</u> zusätzliche <u>Kraftwirkung</u> genügt bereits ein aus der Hauptachse abgelenkter ineinander <u>geschachtelter Mehrfachkreisel</u>.

Auch die elektromagnetischen Kräfte die als mittlere Kraft eingeordnet werden. Eine Verhakung von verschieden gestalteten „Strings" erzeugt bei dem Versuch der Trennung einen Kraftaufwand.

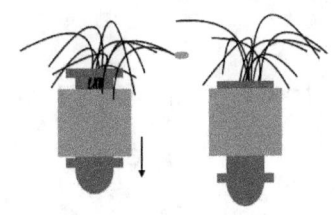

Abbildung 6': Eine durch Bündelung, Umwicklung und Schrumpfung gebildete Struktur mit beweglichen, drehbaren und zum Verhaken geeigneten Elementen

Verschiebbare bewegliche Elemente während einer strukturierten Ausrichtung in einer Strömung erzeugen eine Kraft und können mit unmittelbaren Impulsübertragungen beschrieben werden (vgl. Coulomb Kraft).

Eine stärkere ungebundene Vorbeschleunigung bzw. Zirkulation dient zur Differenzierung von der Reaktion von Materieelemente als Kreisel oder Überbrückungsstrukturen, die dem Impuls Transfer dienen. Materieelemente, z.B. Elektronen, können auf geeigneten Bahnen transportiert werden. Bahnen sind in diesem Sinne lediglich geordnete Durchgangsstrukturen.

Diese <u>Vorbeschleunigung</u> wird, zusätzlich zur Rotationen um ihre eigene Achse, wie z.B. Kreisel dies erfahren, zugefügt. Im Fall des (Spiral)Kreisel ist die Rotation mehr oder weniger an die gleiche Position gebunden. Die Drehrichtung kann durch eine entsprechende Kreiselstruktur, z.B. durch bogenförmige Verlängerungen, entscheidend für den Fortbestand der Rotation sein (vgl. Diodeneffekt/Ventileffekt). Die Kreisel drehen und können durch einen entsprechenden Impuls den Winkel der Rotationsachse ändern, behalten aber die gleiche Position im Bezug auf die Materie. Diese Anregung (Vorbeschleunigung) erstreckt sich von einem einfachen Impulsstoß der mittels weiter Strömungseinflüsse zu einer ellipsenförmigen Drehbahn führt, bis zum einem durch den Impuls ausgelösten Verlassen der Position der bewegten Materie oder einzelner Teileelemente (vgl. Kernzerfallreaktionen).

Mittels der Vorbeschleunigung nimmt das rotierende Element eine ungebundene Flugbahn aus der vorherigen Position ein. Dies ist die

Voraussetzung für die kräftige Reaktion. Die Rotationsgeschwindigkeit lediglich um die eigene Achse eines Materieelementes, verleiht durch die reduzierte Materialoberfläche (im Vergleich zu einer Material Kette) in Kombination mit dem geringeren Drehmoment, durch geringere Längenelemente, eine schwächere Beschleunigung (vgl. Formel 1). Der Temperatureinfluss, ein Platzen von vorgespannten Einschlusskammern und viele einzelne, auch wiederholte, Impuls-Ausbreitungen oder <u>Hebel- Pendel- Doppelpendel- Effekte</u> an einer Materialkette/ Materialröhren bilden die Grundlage für die "freigesetzten Rotationen" ("freigesetzten„ bedeutet, wie bereits erwähnt, eine Materie, die nicht mit einer bestimmten Materie-Position verbunden ist). Hebeleffekte sind mit einseitig fixierten, gleichmäßig oder ungleichmäßig verteilten Materialhebeln, als auch mit röhrenförmigen, evtl. einseitig erhitzten, drehenden Materialverteilungen, naheliegend.

Die Flugbahn der vorbeschleunigten "freigegeben" Materie löst andere Materieschichten oder Rotationskörper aus ihrer Materieposition und führt im entsprechenden Fall zu einer <u>Kettenreaktion</u> besser Stossreaktion. In diesem Fall ist es möglich, die starke Kraft zu nutzen.

Gleichzeitig verbirgt sich in der Kombination aus einer transienten, möglicherweise wiederholend auftretenden, elektromagnetischen Beeinflussung ein Risiko für die elektromagnetische Festigkeit von Verkehrsmitteln, dass bisher möglicherweise nicht in Test Standards eingeflossen ist. Ein Erdbeben überirdisch oder unter Wasser kann dazu als Auslöser dienen. Im Fazit sind neben den auf dem Meeresboden freiwerdenden bekannten Methan- Lagern auch die reinen elektromagnetischen plötzlich erzeugten Impulse in die Risikobetrachtung einzubeziehen.

Kapitel 2 Zusammenfassung:

Der Text erläutert, dass der sich ausbreitende Impuls bzw. die Zusammenhänge um die Impulsbetrachtung, basierend auf einer Verschiebung, d.h. jeder Änderung der relativen Position eines Materieelementes, einen erklärbaren Zusammenhang zwischen der Quantentheorie und der Wellentheorie bildet. Die Verschiebung wird durch den Materieausstoß als Folge aller emittierenden Massen wie z.B. der Sonnen/Sternen Fusionsaktivität, roter Riesen, imitierender schwarzer Löcher etc. erzeugt. Im inneren dieser Fusionskörper, werden neben der Abstrahlung, einzelne Materieelemente verbunden. Dadurch entsteht ein

Sog. Dieser Sog wirkt lediglich auf die Fusionspartner oder auf verkettete Elemente. Eine Verkettung kann durch ein gegenseitiges Anstossen und verknoten der Einzelelemente entstehen. Es bilden sich dadurch neue verkettete Elemente. Letztendlich ist dies wiederum ein Impulsvorgang über eine Zeitdauer betrachtet. Alle Raumelemente im Strömungsfeld, in der Umgebung der Impuls basierten Verschiebung, werden beeinflusst ("bewegt"). Bekannte wellenartige Erweiterungen können initiiert werden und beobachtet werden, z.B. in Aufnahmen von Interferenzmustern am Spalt. Wellenartig ist im erläuterten Sinne kein elementarer Effekt. Dieser ergibt sich aus Verschiebungen und

Reflektionen. Die Verschränkung, die aus der Quantentheorie bekannt ist, versteht sich in Relation zur materiellen Verschiebung in oder entlang des Impulsausbreitungspfades und des Strömungsfeldes. Der Ausbreitungsweg und dessen Weite hängen von der Quelle der Materialverschiebung, dem Ausbreitungsmedium, dem Element, der Verschränkung, den Kollisionen und der Umgebung ab. Einsteins Raumkrümmung kann in direkte Beziehung zur Strömungsdichte gesetzt werden. Der Ausbreitungspfad mit seiner Impulscharakteristik und Dichteverteilung ist für die Geschwindigkeitsdifferenz bzw. Richtungsänderung der Ausbreitung im Vergleich zu anderen Pfaden verantwortlich. Der Begriff der Raumzeit wird im Prinzip zu einer vollständigen Beschreibung der Vorgänge im Weltall nicht mehr benötigt. Ein passierender ursprünglich gerader Strahl wird durch die genannten Eigenschaften gekrümmt oder durch ein Hindernis abgelenkt. Im existierenden Einsteinschen Verständnis ist es hilfreich den Begriff für das standortabhängige variierende Erscheinungsbild eines zeitlich versetzten Vorganges zu verfestigen. Ein identischer Vorgang, aus theoretisch zwei Standorten betrachtet, wird durch die Laufzeit des Lichtes, je nach Entfernung, versetzt wahrgenommen. Zur vollständigen Betrachtungsweise, dass der Ort an dem der Beobachter sich befindet, jeweils ein anderes Zeitbild aufgrund der verschiedenen Entfernungen die das Licht bis zu diesem Ort zurücklegen muß, liefert, dient die Kenntnis der Dichteverteilung auf den jeweiligen Ausbreitungspfaden. Das quantisierte Strömungsfeld beantwortet Einsteins Frage nach der Quelle der <u>nicht lokalen Eigenschaften</u>. Die schwachen, mittleren und starken Kräfte zwischen Materie können mit dem selben Strömungsfeld Effekt erklärt werden. Im ersten Fall werden einzelne Materie Elemente davon beeinflusst, im zweiten Fall Materieelemente durch die Impulsweitergabe bewegt, im dritten Fall werden rotierende freigesetzte Materie/Öffnungen/Ketten/Röhren/Hebel/Pendel, die möglicherweise wiederum eine Kettenreaktion auslösen können, geöffnet/gedreht/verschoben/gesprengt.

3 Strömungsfeldraum und Abstoßung

Es folgt nach der kurzen Wiederholung eine Erklärung des übergeordneten Effektes, der Gravitation genannt wurde und es wird die neue Sicht der Materie Bildung als meist <u>nicht-symmetrische Theorie</u> erläutert. Es wird eine inverse Perspektive eingeführt, in der Materie die Kraft nicht erzeugt oder den Raum/die Zeit krümmt, sondern ein "veränderndes" bzw. widerstandsbehaftetes Element in einem quantisiertem Strömungsfeld ist. Ein Anziehung der Materie ist der eher seltene Fall. Eine verkettete Zugwirkung läßt Lücken entstehen, die durch die Impulsweitergabe wieder gefüllt werden. Meistens kommt es bei Impulsvorgängen zur Abstossung aufgrund der Reflektion. Das Strömungsfeld besteht aus mehr oder weniger dicht angeordneter Materie. „Die Veränderung" beeinflusst die Strömung und damit die Formation und Anordnung der Materie.

Nach Kapitel 2 bilden eine Summe von Fusionen, Verschiebung, Zerfälle und Erweiterungen im Raum die Quelle für die Kraft, die auf Materie wirkt. Viele dieser grundlegenden Einzelquellen können als Fusions- bzw. Emitter- Quellen gesehen werden und bilden die sich ausbreitende Verschiebung als Impulsquelle. Jeder Energiewechsel, wie z. B. eine Elektronenlawine, erzeugt eine Verschiebung. Diese Verschiebung hängt von der Ausgangsquelle ab und ist im Einklang mit der Raumausbreitung in und außerhalb von Materie. In Anbetracht von <u>Reflektionen</u> (Abstoßung) aller astronomischen Änderungen, bildet sich ein Strömungsfeld oder -raum. Das Strömungsfeld ist inhomogen und kann viele Richtungen haben (Vergl. [3]) - von größeren homogenisierten Richtungen der Strömung zum Gegenteil, aufgrund von lokalen Wirbeln. Die anfängliche Geschwindigkeit, der Impulsauslöser, gilt als konstant, solange die Ausbreitung "ungestört" ist. Angeordnete Materie bildet im Ausbreitungspfad einer eintreffenden Materie einen Reflektor oder je nach Materiestruktur bzw. der Übereinstimmung zwischen Materiestruktur und eintreffender Materie eine Materiekumulation.

3.1 Das Strömungsfeld, der Raum, Emitter, Fusionen, Zusammensetzung

Unter der Annahme, dass das Strömungsfeld hauptsächlich durch emittierende Objekte erzeugt wird, kann die Umweltveränderung mit weiten Kollisionen durch einen sich ausbreitenden Impuls im elektromagnetischen Spektrum verursacht werden. Als emittierende Objekte kommen z. B. die verschiedenen Sterne/Sonnen, rote Zwerge/Riesen, "Pulsare" (meist teils offene Strukturen/oder teils von anderen Objekten verdeckt, rotierende emittierende Objekte, auch als emittierende schwarze Löcher bekannt), zerfallende Objekte in Betracht. Zu den imitierenden Objekten lassen sich im weiteren Sinne auch passive Quellen, im Sinne einer besonders unterstützten Durchlässigkeit einordnen. Ein sich aufbauender Gegendruck kann einen Planeten mit einer vergleichweise anderen Atmosphäre ausstatten. Man vergleiche z.B. dazu das Magnetfeld der Erde und die Atmosphärendrücke von Erde und Venus. Weite Kollisionen überbrücken einen Raum außerhalb der Kernbindungskräfte. Kollisionen, die in der Lage sind, eine Hülle zu bewegen, transportieren einen Impuls schneller. Der innere Bezirk der geschlossenen Sphäre würde einen nicht übereinstimmenden Widerstand bieten. Anders formuliert, führen „Widerstandsänderungen" durch eine Änderung der Materiestruktur bzw. deren Verknüpfung zu Reflektionen die sich möglicherweise kompensieren oder erneut reflektieren. Bei der Betrachtung von höherfrequenten Vorgängen hat sich für Änderungen der Umgebung bzw. des im Ausbreitungspfades befindlichen Widerstandes, auch die Bezeichnung Wellenwiderstand etabliert.

Bei starken <u>Emittern</u>, erkennbar aus dem elektromagnetischen Spektrum, kann davon ausgegangen werden, dass es sich um entladende <u>Plasmaströme</u> handelt. Ein Plasmastrom wird als vollständige Auflösung der Materiekonstellation gesehen und deren gerichteten Ausbreitung. Es wirkt dadurch eine starke Kraft.

Plasmaströme können umgekehrt durch Einschläge, z.B. in der Sonnenoberfläche entstehen. Sichtbar werden rotationsbedingte wirbelförmige Auswürfe die Reflektion auf der Oberfläche auslösen. Der Einschlagwinkel, die inneren Strömungen und Materiestruktur sind dabei massgeblich für die Form der Reflektion (vgl. „Wasserkrone").

Eine mittlere „elektromagnetische" Kraft wirkt durch Ströme in einer Materiestruktur, wodurch Impulse von

Elektronen weitergegeben werden oder sich lösen, die zu einzelnen Austritten führen, wobei die Materiestruktur sich nicht vollständig auflöst. Die Ordnung bleibt im wesentlichen erhalten. Frequenzen von sich wiederholenden Vorgängen sind direkt aus dem elektromagnetischen Spektrum bekannt. Möglicherweise nehmen Speicher Elektronen auf. Damit „laden" sich einzelne Bezirke. Umgekehrt funktioniert dies auch durch eine mechanische Bewegung. Es folgt ein „elektrostatisches" auf und entladen zu einem Zeitpunkt. Es kommt zu Sammlungsstellen die zu einem gewissen möglichen Zeitpunkt abfließen.

In dieser Darstellung wird "<u>elektrostatisch</u>", im Sinne von, aus dem Material herausgelöste, zeitweise im Verhältnis zur direkten Umgebung, lagestabile separierte Elektronen an der Oberfläche eines Materie Körpers verstanden. Diese können durchaus eine geschlossene Formation bilden, wie z.B. Wirbel oder einen Kreisring. Wobei diese elektrostatische Aufladung vermutlich weiter betrachtet werden muß, als die reine Elektronenansammlung. Denkbar sind Kombinationen aus rotierenden Elementen (siehe Proton)und im zuvor definierten Sinne Teilelektronen.

Zentrische oder dezentrale und asymmetrische Rotationen können die Verschiebung durch unregelmäßige Öffnungen in den äußeren Strukturen ausstrahlen.

Die verschieden oben aufgeführten Emissionsquellen lassen sich im Prinzip alle ineinander überführen. Die verschiedenen Temperaturen der Reaktionsvorgänge erzeugen sich aus den entsprechenden Bewegungsvorgängen und entsprechenden Dichteverteilungen. Ein röhrenförmiger asymmetrische rotierender Körper erzeugt mehr Kollisionswechselwirkung als eine ausgeglichener symmetrischer Rotationskörper. Die Verbindung kann dabei durch eine Umwicklung vor sich gehen. Ein Wasserstoff mit einem einseitigen „Übergewicht/Massenstrukturdichteverteilung" erzeugt mehr Moment als eine symmetrische Heliumverbindung. Ein Stern mit größerem Heliumanteil beruhigt sich dadurch (weisser Zwerg). Es muss davon ausgegangen werden, das das uns bekannte Helium auch in kleineren Varianten vorliegt. Man könnte dies als Urhelium bezeichnen. Die verschiedenen Temperaturen der einzelnen bekannten Sternarten lassen sich, neben der jeweiligen Elementbeifügung die einen Farbeffekt erzeugen, mit diesem Anhäufungseffekt bzw. Dichteeffekt herleiten. Die „Brennvorgänge" im Weltall basieren damit überschaubar auf einem Effekt.

Abbildung 7: Gekreuzte Austritte auf einer Ebene und dadurch entstehende Strahlenmuster im Streiflicht

3.2 Dunkle Energie, Turbulenzen, Licht, Wasser und elektromagnetische Effekte

Fusionen benötigen eine Verschiebung in Richtung der Reaktion. Strahlung und Elemente z. B. Neutronen, sind entsprechend entgegengesetzt gerichtet. Ungleich verteiltes „geladenes" Material, hier im Sinne von mechanisch verknüpft zu betrachten, bleibt im Kern. Diese Verschiebungen (könnten in Teilen "dunkle Energie" genannt werden) können bei einer wiederholenden Frequenz, die durch Stossprozesse bzw. einen Druckausgleich/ Resonanzen verursacht werden, den Eindruck von hin-und her-fließenden

<u>Strömen</u> erzeugen (möglicherweise wegen unsymmetrischen Rotationskernen). Die Materie wird für einige Zeit geschoben und nach dem Anhalten des Strahls oder des Stromes rückwärts, teils durch Reflektionen und andere kreuzende Ströme, verteilt. Größere Austrittsöffnungen in Kombination mit einer Rotation erzeugen weitere Ungleichverteilungen („Beams"). Rotierendes Material kann dabei nicht unbedingt als rund angesehen werden, sondern in Stabform oder Fäden etc. auftreten.

Abbildung 7': Abstrahlungsanordnung am Austritt von Abstrahlungsquellen mit zusätzlich rotierenden länglichen Materialkomponenten in verschiedenen räumlichen Ausrichtungen zur Erklärung von feinen, sich kreuzenden Strahlen

Mit länglichen rotierenden Materialkomponenten, Spiralen und Kanten ergeben sich schmal begrenzte und möglicherweise gekreuzte Strahlen. In festen Strukturen können sowohl stabähnliche Strukturen sich vor Öffnungen zum Austritt befinden, als auch verschobene Strukturen in die Öffnung der festen Strukturen hineinragen. stabförmige Strukturen bilden sich weniger durch Verkettungen als durch das Ineinanderstapeln von z.B. V-förmigen Materieelementen. Weitere Materie kann sich nach einem Austritt aus einen Volumenkörper an diesen Stapeln und sich geführt weiterschieben. Austrittsöffnungen in den Volumenkörpern entstehen aus Ringströmungen, Risse und ursprüngliche, durch die Entstehung erzeugte Öffnungen.

Ausgehende Strahlung kann sich damit über eine vorgelagerte Ebene ausbreiten oder an Gitterstrukturen gebrochen werden. Diese Ebenen bilden sich teilweise aus Eisplatten oder Eisstrukturen. So genannte "Schlieren" sind Orte größerer Turbulenzen und in Kombination mit der Rück- Bewegung erscheint der Eindruck von "Schlieren" auf einigen astronomischen Bildern. In dieser Turbulenz werden verschiedene (innere) Ansichten dieser Materialstrukturen („flockenartige" -Stücke mit Elektronenmaterial) und ihrer transienten oder resonanten Aktivität sichtbar, ähnlich dem vorbeifließenden weißen Wasser nach einer von oben nicht sichtbaren Kante unter

Wasser. Gleichzeitig verdunkeln diese ungeordneten Strömungen angrenzende Bereiche. Der Durchtritt aus der Querrichtung wird gestört oder die Impulsausbreitung gestreut.

Bedingt durch die Aufnahmetechnik, ist die Aufnahme einer schnelleren Bewegung in unmittelbarer Nachbarschaft zu einer langsameren Bewegung, durch einen unschärferen Bereich gekennzeichnet. Ändert sich im betrachteten Bereich in einer Strömung die vorhandene Dichte erneut zu einer weiter erhöhten Dichte, wird die Impulsübertragung, bei der richtigen Anpassung zwischen Quelle, Überträger und evtl. der umgebenden Struktur, entsprechend schneller und umgekehrt. Dämpfende Innenbereiche sind in diesem Fall verringert. Der Effekt der Entstehung von verschiedenen Geschwindigkeitsbereichen durch eine Steigerung der Entropie läßt sich auch bei Fisch- und Vogelschwärmen in der Natur beobachten. Vogel- und Fledermausschwärme nutzen durch sie selbst verursachte steigende Warmluftbereiche und fallende Kaltluftbereiche und folgenden den jeweiligen Strömungen. Die zum Zeitpunkt der Flugmanöver herschende jeweilige Gefieder- bzw. Körpertemperatur ist dabei entscheidend.

Abbildung 8: Eine Materialstruktur mit einer freigesetzten Isolierschicht mit "Elektronen"

Licht wird in Relation zu einer Entladung, Auslenkung oder einer Kreisbewegung gesetzt. Die „Entladung" ist eine in eine Richtung „geordnete" Bewegung, welche dadurch erkennbar wird. Es fließt entsprechend der strömenden Richtung und erzeugt einen reflektierenden Impuls. Es wird meistens durch eine Verschiebung erzeugt, die die Materialstruktur in Verbindung mit Elektronen erreicht. Die Elektronen können dabei wesentlich kleiner sein als die bisher bekannte Größe. Die geordnete Bewegung kann sich auch in einem wiederkehrenden Kreisähnlichen Pfad befinden und teilweise verdeckt sein. <u>Auslenkungen</u> mehrerer Rotationskerne werden sichtbar und könnten indirekt dazu geführt haben, dass Photonen als masselose Erscheinung gedeutet wurden. Durch die Erweiterung bzgl. der Größenordnungen der einzelnen beteiligten Teilchen, wird eine unterschiedliche Verteilung aufgrund der Durchdringungseigenschaften eines Mediums möglich. Die Auslenkung kann sich auch auf einen Teil der Materialstruktur beziehen. Vorstellbar ist dieser Effekt bei verschieden großen Kugelstrukturen die aufreissen. Diesem Gedanken folgend, entsteht bei gleichen Materialstrukturen eine gleiche Aufreissgeschwindigkeit mit verschieden langen Laufzeitstrukturen bedingt durch die unterschiedlichen Radien. Die Folge ist eine identische Ausbreitungsgeschwindigkeit, abhängig von der Füllung des Raumes, mit optisch unterschiedlich wirksamen Wellenlängen (Farben). Das Aufreissen führt zu einer Verkleinerung der Struktur. Vergleichbare

Grössenordnungen der Materie werden dadurch stark beschleunigt. (vgl. dazu die relativ hohen Gasbewegungsgeschwindigkeiten). Größere „Wellenlängen" basieren auch auf größeren Strukturen. Eine Zerkleinerung führt somit zu kleineren Wellenlängen. Die Turbulente Strömung entsteht nicht nur nach Hinternissen sondern auch vor diesen, wenn der Ausbreitungsweg durch eine „Engstelle", wie z.B. eine aufnehmende Elektrode führt oder an Grenzschichten durch Störungen in Querrichtung.

Ein anderer Auslöser war die hier stark bezweifelte Annahme, dass schwarze Löcher eine unendliche Anziehungskraft besitzen. Damit konnte schlussfolgernd nur masselose Materie diesen entkommen. Das Photon musste aus der logischen Kette ohne Masse sein und als Basis für thermische Strahlung dienen. Durch die Postulierung der Hawking Strahlung liessen sich diese Theorien nur dadurch verbinden. Aufgrund der hier getroffenen Annahme, dass jede Änderung bzw. Verschiebung mit einem Teilchen verbunden ist, läßt sich die Strahlung als einfacher Materiestrom auslegen. Die ist unabhängig von der Quelle als abstrahlendes Schwarzes Loch oder einer anderen Strahlungsquelle.

Die Steigerung ist eine abrupte Änderung in der Ausbreitungsrichtung die die <u>Trägerstruktur selbst</u>

erhält(Plasmastrom). Es scheint, dass die rotierenden Elektronen ihre stabile Bahnposition verlieren und dadurch eine unkontrollierte Bewegung erzeugen. Gleichzeitig wird der Kern bzw. das Proton dadurch in der Gegenreaktion beeinflusst. Die Bewegung ist messbar in Form der Temperaturerhöhung. Es ist davon auszugehen, dass beim Eintreffen von mehreren „Lichtträgern" bzw. Elektronenträgern es zu Kollisionen, Drehungen, Bruchstücken und Reflektionen kommt. Auch diese Bewegung führt zu einer Temperaturerhöhung mit dem entsprechenden für das menschliche Auge sichtbaren Leuchten. Die "Länge", besser die Variants des Trägers der "Entladung", steht im Einklang mit der produzierten Wellenlänge. Das herausbrechen von einzelnen Teilen, vorstellbar als Fensteröffnungen, beeinflusst das Streuungsverhalten.

Es ist davon auszugehen, dass eine gewisse Elastizität vorliegt. Jede umgebende Materie, der Druck bzw. die mittlere freie Weglänge und damit die Ausdehnungsmöglichkeiten beeinflussen die Farbempfindung im menschlichen Auge. Zyklen der Rotation einer gewellten Scheibe erzeugen die notwendige Zeitdauer und Verstärkung für den optischen Eindruck. Parallele, geordnete Bewegungen verstärken den optischen Eindruck Denkbar ist eine solche „Gleichschaltung" im Strömungsfeld oder auf einem gemeinsamen entstanden Träger. Diese ist als eine interplanetaren Scheibe mit entsprechenden entstandenen Einzelwirbeln auf der Oberfläche möglich. Die äußeren Einflüsse, wie z.B. Kollision, die durch eine Verschiebung erzeugt wird, lösen beim Überschreiten eines gewissen Grenzwertes Entladung aus.

Diese Entladung führt zu sogenannten <u>Photonen</u> (Lawinen-Entladung) als Träger, diese könnten durch ihre neue Entstehung als zunächst ohne Masse beschrieben werden oder besser in der Gegenreaktion, die lediglich zu einem Ausschlag der Struktur oder dem Ausschlag des rotierenden Elementes führt. <u>Jedes Materieelement in diesem Model hat eine Masse auch wenn diese sich durch einen transienten Vorgang geteilt hat</u>. Die Perspektive eines Austauschteilchens passt in diese Sichtweise nur als zeitlich versetzter Vorgang. Eine Verschiebung von Elektronen, wie oben erwähnt, führt zu einer gerichteten (Lawinen-Entladung) oder ungeordneten Elektronenbewegung die als Licht (Photonen) messbar oder sichtbar werden. Es ist eine für uns registrierbare Verschiebung. Diese Verschiebung ist abhängig von der Größe oder Struktur der Teilchen. Einzelne Elektronen können sich nach einer Ionisierung bzw. Ablösung frei durch den Raum bzw. Materie bewegen und an anderer Stelle weitere Elektronen oder Elektronenlawinen auslösen. Der Atomkern wird dadurch gewöhnlich in seiner Stabilität reduziert, vergleichbar einem Doppelpendel mit einer veränderten Auslenkung. Möglich ist auch der umgekehrte Effekt. Ein Materieelement, z.B. ein Elektron oder ein Photon, füllt eine Lücke zwischen impulsweiterleitenden Elektronen und es entsteht eine Entladung oder ein ausgeglichener Schwingungszustand (siehe auch Abb. 9).

Als Träger für Elektronen kommen einzelne isolierende Schichten mit gleichmäßig oder ungleichmäßig verteilten rotierenden (vergleiche „geladenen") Teilchen in Betracht. Impulse können eine solche Schicht aufheben und ablösen (vgl. Abbildung 8). Dadurch kann eine Furchenstruktur entstehen die stark haftend wirkt. Die schwach verbundenen "Elektronen"/Partikel (oder ab einer bestimmen Energiezuführung) strömen in einem Raum oder auf eine gekrümmte Fläche ähnlich einer "Lawine". Sternförmige Elektronen im hier definierten Sinne bieten die Möglichkeit eines haftenden Effektes zwischen den Furchenstrukturen. Das Strömen dieser Lawine oder das Bersten dieser dort befindlichen Kreisel wird durch einen Impulsprozess oder indirekt durch eine mechanische Konvergenz verursacht. Die drehenden "Kreisel" sind in ihrer Bewegung stark gestört und verlieren möglicherweise Teilmaterie, wie z.B. eine lamellenartige Innenstruktur. Auch umgebende Materie oder Elektronen können durch die Kreiselschwankung betroffen bzw. getroffen werden. Dies führt zu heftigeren Beschleunigungen und Ablösungen. Die Temperatur erhöht sich. Die unterschiedlichen Verschiebungen (Wellenlängen), die unsere Augen als Licht oder Feuer registriert, können sich aufgrund der "Streuungslinearisierung" wieder ausgleichen.

Eine Verschiebung in einer größeren/höheren/dickeren/dichteren geordneten Struktur mit Kreisel weist durch die Reflektionen eine höhere Bewegungsrate auf und wird gleichzeitig durch die Stoßprozesse mehr gedämpft werden. Die vorhandene Struktur bildet die Basis für spezifische Laufzeiten, Durchdringungen und sich ergebende Schwingungen, falls eine Verschiebung wiederkehrend auftritt. Im Gesamten, als Schwingung, ergibt sich ein zusammenhängender optischer Eindruck. Es ergibt sich eine für uns optische Verknüpfung des Lichteffektes, eine Streckung einer Materie und Schlitze, d.h. eine Veränderung der Dichte, und damit längerwelliges Licht wie z.B. der Farbe Rot mit Eisen. Mit deren größeren Freiheitsgraden der Kreisel, einer größeren mittleren Weglänge der Stoßpartner, ergibt sich eine größere evtl. ungeordnetere oder einen größeren Ausschlag der Bewegung des Kreisels, besonders im peripheren Bereich zur Grenzschicht. Beim Lichteintritt ergibt sich in Ausbreitungsrichtung- in Richtung Austrittsgrenzfläche, ein aufgeweiteter Impulsausbreitungspfad mit entsprechendem aufgeweitetem Füllbereich. Mit anderen Worten , „dünnere" Materialbereich bezogen auf ein Prisma, entspricht einem höheren Füllbereich bzw. einem Bereich höheren Druckes. Im

Gesamten entsteht während der Bestrahlung eine Schichtung. Ähnlich einem „Aufschichten" ergeben sich längere und kürze Wege bzw. Abstände zwischen den Elementen. Die zuvor erwähnten Elemente (Träger) verändern den Ausbreitungsweg bzw. die Struktur. Im unteren Bereich ergibt sich blau. Dies entsteht auch unter Anwesenheit von Wasserstoff. Im mittleren Bereich hält sich der größte Anteil auf Basis der Sonnenverhältnisse (die gelb/schwarze Mischung ergibt die grüne Erscheinung aufgrund von Natrium? und Kohlenstoff/Silicium Verbindungen). Messbar ist eine Luftdichtenverteilung in der Atmosphäre. Ein Bereich der höheren Luftdichte am Regenbogen, ergibt sich normalerweise in unteren Schichten, solange nicht inverse Luftverhältnisse vorliegen. An Trennschichten können Spiegelungen entstehen. Man vergleiche zur Trennung der Luftschichten auch die sichtbaren Verhältnisse, z.B. im niedrigeren Bereich der Luftdichte, am Kerzendocht oder beim Dopplereffekt rückseitig. Bei der optischen Betrachtung eines bewegten Objektes sollten trotz der bekannten Darstellung im Detail Zonen mit unterschiedlichen Dichteverteilungen erkennbar sein z.B. in der Mitte vorne ein blauer Bereich in der Wirbelzone bzw. Zone zur Strömungsrichtungsaufteilung. Die Randzone wird gestreckt. Möglicherweise entstehen durch die „Verwirbelung" bzw. die Drehung des Wasserstoffes, in der Nähe einer Wärmequelle bzw. Der Lichtströmung, in Kombination mit Kohlenstoff, vorgespannte sich ausdehnende Materialstrukturen die zu Überlagerungen und dadurch zum entsprechenden optischen Eindruck führen. Wasser bzw. Wasserstoff erzeugt aufgrund der „Bandstruktur" durchlässige Spalten mit den bekannten überlagernden Effekten. Der Abstand der parallelen Bänderpakete zueinander ist variabel und neben der Druckabhängigkeit auch von der Temperatur abhängig. Diese dynamischen Strukturen können mit "Tunnel" verglichen werden. Ein sich ausbreitender Impuls durch den dynamischen "Tunnel" erhält mehr Reflektionen an den "Wänden", wenn die tunnelbildende Materie nicht in einer Linie bzw. linearisiert sind. Zu beachten ist dabei die synchrone oder asynchrone Bewegung mehrerer Kreisel im Strahlungsdurchgang.

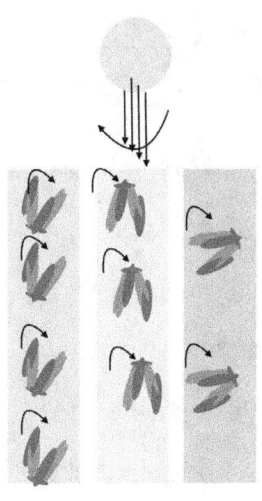

A b-bildung 9': Die Entstehung von Farbbändern, durch die im jeweiligen Band gleichförmige Ausrichtung von angedeuteten Wassermolekülen (als Beispiel von Links nach rechts- blau, grün, rot)

Eine Verschiebung der Phase zwischen mehreren z.B. hintereinander ausgerichteten Rotationselementen führt zu veränderten „Spaltgrößen".

Der Widerstand sinkt, wenn die betroffenen Elemente geordnet ausgerichtet sind und die durchdringenden Teilchen entsprechend größenangepasst sind. Der Temperatureffekt verringert sich. Eine bzw. eine Strömung in verschiedenen Schichten stabilisiert sich. Einzelne geordnete Elemente können ohne sich relative in Strömungsrichtung fortzubewegen auf einer Position gemäß einer Rotationsachse rotieren.

Die "Streuungslinearisierung, als ein grundlegendes Prinzip, ist auch auf die Kombination von Wasserstoff und Sauerstoff anwendbar. Wasserstoff in erster Näherung vorstellbar als Röhre (teils abgeflacht, teils gebogen, verdreht, spitzkuglig, spitzzylindrig, teils gefüllt), die auf das Sauerstoff-Element richtungsabhängig eingebracht, mit dem verbunden oder aufgestülpt sind. Die Säureeigenschaft des Sauerstoffes lässt sich durchaus als Spitze vorstellen. Diese Spitze stellt im Sinne der „Lichtverschiebungsbetrachtung" einen schmalen komprimierten Bereich dar, dessen Erscheinungsbild für uns in der Farbe Blau wirkt. Dieser Komplex insgesamt bildet unter bestimmten Bedingungen verschränkte Formationen mit anderen Molekülen. Die Aufstülpung ermöglicht eine Rotation zwischen den beiden Elementen und die Zuordnung des Begriffes Proton nach der getroffenen Definition wird relativ.

Abbildung 8': Schematisierte einfachste Form der Verknüpfung von Wasserstoffelementen

Besonders rotierende Bewegungen fördern eine Verknüpfung der Materieelemente, die oft entgegengesetzt ausgerichtet sind (siehe gebogene Molekülfortsätze an Wasserstrukturen). Teilweise bilden sich durch diese Verknüpfung sehr lange Aneinanderreihungen. Materialstrukturen aus Kontaktpunkten aus entgegengesetzten Rotationsrichtung zeigen dabei besonders stabile Materieeigenschaften (siehe Gold). Verdrehte Schichtungen bleiben empfindlich gegenüber einer späteren Aufweitung (siehe Eisen). In einer stützenden Struktur bzw. einer Barriere können die einzelnen Moleküle aufgrund des unterschiedlichen Druckausgleiches einfach <u>stapeln</u>. Somit ist es möglich entgegen dem Erdkern Schlitze oder <u>Röhren</u> mit Wasser auszufüllen. Wasser in einem Gefäß weist am Rand eine Erhöhung auf. Der Rand bildet eine Barriere für das sich normalerweise ausbreitende Wasser. Gleichzeitig kommt es auf dem Untergrund und am Rand zu Reflektionen. Streifenähnliche Wasserelemente rotieren im Innenbereich durch die Erdrotation. Die Flüssigkeit konzentriert sich (Druckerhöhung) an der Randzone und erhöht sich durch die fehlende Ausbreitungsmöglichkeit über den Rand hinaus. Endet die Materiebarriere können gestapelte Elemente kippen und so die Richtung für weitere Anlagerungen vorgeben.

Abbildung 8'': Streuungslinearisierung von Wasserelementen aufgrund der unterschiedlichen Dampfdruckverteilung und Stapeln in einer Röhrenstruktur an einer Barriere

Aus diesen „Stapelhöhen" und Größenverhältnissen der Aufstiegsröhre ergeben sich in der Vegetation Muster für Blattverzweigungen.

Eine weiterer grundlegender Baustein, neben der Materieformation durch einen Materialspalt, ist die Reflektion. Ein großer Teil der biologischen Systeme ist durch Teilung oder der Reflektion und der sich daraus ergebenden Materieansammlung in der entgegengesetzten Richtung symmetrisch. Treffen zwei Materie Elemente aufeinander, wird der aufgebrachte Impuls an den anderen Stosspartner gemäß seiner inneren Beschaffenheit weitergegeben. Der <u>Abstand</u> zwischen den beiden vergrößert sich wieder entsprechend. Sind jedoch mehrere Materieelemente von dem Stoß betroffen, teilt sich der ursprüngliche Impuls auf die beteiligten Stosspartner auf und der Abstand nach dem Ereignis ist im Vergleich zur Situation vorher, geringer. Eine Reflektion der beteiligten Stosspartner führt, besonders bei absorbierenden bzw. sich verformenden Strukturen, zusätzlich zu einer <u>Abstandsverringerung</u> der beteiligten Materieelemente. Entgegengesetzte Strömungen führen teilweise zu zusätzlichen lokalen Rotationen und verbinden in Kombination mit anderen Effekten die Materie zu dichteren Ansammlungen.

Nach den Überlegungen zum Licht, dem Einfluss des Wassers, der Seitenbetrachtung zu biologischen Strukturen, dem Zusammenhang zur Massebündelung kommen wir erneut zum Licht.

Andere Geometrien für oszillierende Strukturen oder Resonanzen wie z.B. ein Ablauf in der vielfachen Länge der Übertragungsmaterie, sind denkbar (siehe Abb. 9). Die oszillierende Struktur zeigt eine Verschiebung ohne, dass es im Aussenbereich zu einer Materieverschiebung kommt. Es entsteht eine registrierbare Bewegung ohne eine Masseänderung im Bereich ausserhalb der betrachteten Struktur.

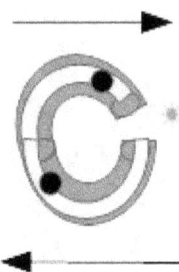

Abbildung 9: Geometrie einer oszillierenden Struktur für ungebundene Materialelemente, einschließlich einer Lücke in einem richtungsgeteilten äußeren Strömungsfeld

Nehmen wir nun erneut an, dass diese „Lichtträger" natürlich aus der Sonnenfusion oder anderen Strahlungsquellen, z.B. als eine Form von „Neutrinos", als Strahlung entstehen, sich ablösen und auf der Erde auftreffen, dann entsteht in der direkten optischen Verbindung eine Intensität, die wir als hell empfinden. Streuungspunkte werden ebenfalls gut erkannt. Es sei dahingestellt, ob am Auftreffpunkt bereits feinste blasenartige Gebilde vorhanden sind, die im Falle des Auftreffen der Lichtträger bersten und damit eine materieabhängige Geschwindigkeit erzeugen. Vergleiche dazu den Zusammenhang zwischen Mueh- Null, Epsilon- Null und der Lichtgeschwindigkeit. Denkbar ist eine Ableitung zwischen Aufpressdruck, Zerreissgeschwindigkeit und entstehende Impulsgeschwindigkeit. Eine Anhäufung mit den entsprechenden, wie oben beschrieben, Kollisionen, Reflektionen und der folgenden Temperaturerhöhung führt zum sichtbaren Effekt. Strukturen wie in Abbildung 9 dargestellt selektieren als Durchlass und durch die Reflektion mit verschieden großen Öffnungen die Eingangsstrahlung. In einer Anhäufung von gleichartigen Öffnungslängen wird der optische oder elektromagnetische Effekt homogenisiert und damit verstärkt (Filterwirkung). Auch kann der Innenraum der Struktur in Abbildung 9 in einer räumlichen Ausdehnung mit Eintrittsöffnungen versehen sein. Ein Eindringen von Materieelementen und deren Reflektionen im Inneren und dem Verlassen an der Außenseite, führt zu polarisierten Strahlen, ähnlich einem Laser.

Gleichzeitig sind um die Erde weiter entfernte Sonnen und Strahlungsquellen verteilt. Auch diese senden die gleiche Strahlung bzw. „Lichtträger" aus. Die Intensität kann entsprechend der Entfernung und den möglichen Strömungsaufteilungen aufgrund unterschiedlicher Dichteverteilungen im Ausbreitungspfad entsprechend geringer sein. Ein Auftreffen dieser „Lichtträger" führt aufgrund der geringeren Intensität bzw. Anhäufung nicht unbedingt zur oben beschriebenen Erwärmung, Ionisierung und Entladung. (Der Begriff der <u>Ionisieren</u> wurde bisher als ein Element verstanden, dass seinen „Ladezustand" verändert hat. Diese Sichtweise läßt sich im Grundsatz beibehalten. Die Rotationseigenschaft des Protons ändert sich durch die Abgabe oder Aufnahme eines Materieelementes.) Diese kaum wahrnehmbare Kreisbewegung lässt sich, neben einzelnen Materieelementen wie Elektronen oder Neutrinos, somit als „dunkles Licht" bezeichen. Jede Strahlung, wie die bekannte radioaktive Strahlung erzeugt eine gerichtete Kraft. Die <u>„dunkle Materie"</u> wird im folgenden noch einmal in den Zusammenhang mit „Verbrennungsasche" und kleinsten Teilchen gesetzt. Es ist anzunehmen, dass feinste Überreste von Bruchstücken von Wasserstoffatomen, tordierten, dotierten, Bruchstücke von Lichtträgern und sonstigem sich im Weltraum angesammelt haben und das „Vakuum" füllen. Die Teilchendichte nimmt in der Entfernung von den Materieansammlungen ab. Dem Gedanken folgend müssten sich auch Lichträger bzw. die Materiereste von Helium, Wasserstoff und weiteren z.B. auf der Sonne vorhandenen Elementen als „Asche" auf der Erde ansammeln bzw. neu verbinden. Die Elemente die am häufigsten auf der Erde auftreten sind Kohlenstoff, Silicate/Siliciumverbindungen und Wasserstoff. Die Sonne zeigt sich für uns in ihrer gelblich grünen Farbe, die auf die Natrium Anteile zurückzuführen sind. Im Meer befinden sich grosse Mengen an Natriumverbindungen, die auf diesen Einfall zurück zu führen sind. Eine reine Auswaschung aus dem Meeresboden oder Flussberandungen würde zu einer ungleicheren Verteilung führen. Auch müssen die in der Erde befindlichen Natriumanteile auf einem Ursprung basieren. Vergleicht man dazu andere Planten aus unserem Sonnensystem lässt sich keine Gleichverteilung dieser Elemente feststellen. Dies würde dieser These zur Sonne als Verursacher widersprechen. Gleichzeitig läßt sich aus der Entstehungszeit eine Ungleichverteilung der ersten Interstellaren „Wolken" unterstellen. Auch muss berücksichtigt werden, dass Elemente geeignete Verbindungen herstellen und diese damit an einem bestimmten Ort sich ansammeln können. Ein vorhandener Sauerstoff eignet sich zur Bindung von Wasserstoff. Unter hohen Temperaturen ist der metallische Wasserstoff bekannt. Ein Elektron wird dem Wasserstoff zugeordnet. Eine Trennung ist aufgrund der grossen Temperaturunterschiede denkbar. Ein Blick auf diese Materialien als Reinstoff und deren Ableitungen genügt um sich dieser Vermutung anzuschließen.

Wenn wir Materieelemente als ungebundene, beweglich, rollend, drehende kleinere, in verschiedenen Größen und Ebenen betrachten erhalten wir ein dynamisches Gemenge. Wenn dieses Gemenge von einer oder mehreren Verschiebung oder Impulsen getroffen werden, erhalten wir eine Transfer-Struktur, die die Verschiebung weiterleitet. Eine solche Transferstruktur, die von einem Punkt aus angeregt wird, wird eine starke Wechselwirkung in dieser ungebundenen Kette hervorbringen. Festere Verbindungen können sich durch den entsprechenden Druck /Impuls herausbilden und in den Zwischenräumen bewegliche Elemente erhalten.

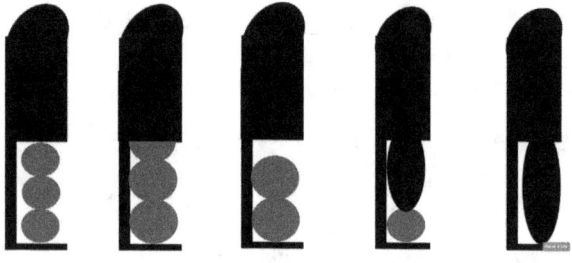

Abbildung 9': Anpassung von Materieflussvarianten

Nennen wir die ungebundenen oder rollenden kleineren Materieelemente Elektronen, kommen wir in der elektromagnetischen bekannten Welt an und werden einen „Übergang" zur Gesamtsystematik finden, den Einstein anstrebte.

3.3 Austretende Mikro- und Makrostrukturen

Feinste Materie im Weltraum, fraktionierte "Asche" wird durch die extrem hohen von der Verbrennungstemperatur abhängige Reaktionen erzeugt, die z. B. durch eine innere Entladung in einer Sonne, ausgestoßen werden. Es können "Wolken" von <u>Wasserstofffragmenten</u> als Komponenten die sogenannte dunkle Materie bilden. Im stetigen Strom werden diese sich anordnen. Vorstellbar sind Schichtungen oder C-förmige geöffnete Ringe/Volumenkörper bzw. Bruchstücke eines in der Näherung erkennbaren Kreisringes (siehe auch Kohlenstoff, vgl.

Sauerstoff) oder auch durch eine Verdrehung geschlossene Strukturen deren durchdringender Widerstand für eine Strömung sinkt, wenn diese hintereinander geordnet angeordnet sind (Streuungslinearisierung). Ein sich ausbreitendes Materieelement kann sich im „Materiekanal" bzw. in einem Durchgang, ohne Streuung ausbreiten bzw. die Kohlenstoffanordung durchdringen. Eine Verbindung dieser gebildeten Materieketten erzeugen bekannte Materie mit höheren Ordnungszahlen. Die strömungsbedingte Materieanordnungszonen können dabei einer „e-Funktion" ähneln. Es lässt sich annehmen, dass es sich bei den C-förmigen Ringen um mehreckige Stücke handelt wie diese aus Fünf-

und Sechsecken entstehen. Teilausbrüche der Innenflächen oder Randzonen führen zur offen Form. Bei dem 3/4 Kreis ergibt sich zwischen dem in der Ebene fiktiven Radius und dem Längenverhältnis zum offenen Kreisbogen das 2,7 fache. Dies stellt die Basis für die e-Funktion dar. In der entsprechenden Strömung kann sich eine theoretisch unendliche lange Aneinanderreihung bzw. Ordnung von diesen gebogenen Einzelelementen ergeben. Die endliche Ausdehnung kann mittels wiederkehrenden angestossen Bewegungen (Impulsen) und deren ungestörte Ausbreitung gesehen werden. Eine regelmäßiger Ausstoss dieser Materieelemente in gleichmäßigen Abständen führt zu gleichmäßigen Abständen der einzelnen Flocken bzw. Ebenen. Die beginnende Rotation in Kombination mit einer Längsströmung führt zur beschriebenen Aneinanderreihung. Der auf der Erde häufig vorkommende Kohlenstoff ist möglicherweise aufgrund von Kreisströmen im Stern oder Raum als Fullerene (Als <u>Fulleren</u> werden hohle, geschlossene Moleküle, häufig mit hoher Symmetrie bezeichnet) aus Kohlenstoffatomen, die sich in Fünf- und Sechsecken anordnen, gebildet und später in einzelnen Schichten zerfallen. Die C Form wäre dabei eine vereinfachteSeitenansicht mit möglicherweise ausgebrochenen Elementen.

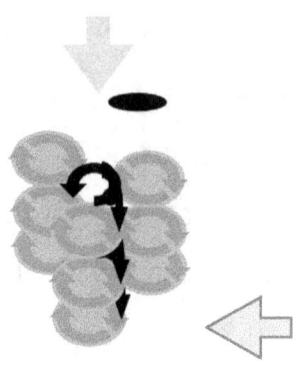

Abbildung 9': Typische Materiebündelung durch freie sich im Raum bewegende Wirbel

Andere Verbindungen, wie z.B. Verbindungen zwischen dem Kohlenstoff und Wasserstoff als Methan, erzeugen andere räumliche Verdrehung und verändern damit die gleichförmige Ausprägung dieser Ketten.

Kleinere Elemente werden ebenfalls durch Microstrukturen extruiert.

Damit ist es wahrscheinlich, freie Elektronen, im erweiterten Sinne, „ohne Entladung" zu erzeugen. Diese erscheinen stationär bzw. frei beweglich, als Materie. Bei größeren extrahierten Materieelementen sind diese Elektronen gewöhnlich mit dem Träger verbunden oder verlassen diesen durch Stoßprozesse. Auch in der Form eines Ellipsoid lässt sich eine erweiterte Zuordnung zu den Elektronen noch vornehmen. Eine geordnete rollende Bewegungsform ist über die Längsachse noch möglich. Elektronen werden in dieser Betrachtung als erweiterter Begriff angesehen. Aus der Sicht des Autors ergeben sich verschiedene Größenordnungen dieser Elektronen (siehe Größendifferenzen in den festgestellten existierenden heutigen Messungen). Ein <u>Neutrino</u> wurde im Zusammenhang der Energiebetrachtung als Materieabstrahlung bzw. dem Verlust beim <u>Atomkernzerfall</u> und speziell als „nicht geladenes Teilchen" definiert. Die geordnete Kreisbewegung wird gestört, kollidiert, kommt evtl. zum Erliegen, es entsteht Reibung und Wärme. Im Sinne dieser Betrachtung würde man es als Materieabstrahlung als neutralen Teil der rotierenden Masse ansehen. Da das <u>Proton</u> als Kreisel, damit als stationäres rotierendes

Materieelement, angesehen wird, kommt dieses gemäß dieser Betrachtung, neben einem Neutronenzerfallsprodukt, als Neutrinoquelle in Betracht. Das <u>Neutrino</u> wird als abgelöste, evtl. mit einem Spin beaufschlagte, Masse betrachtet. <u>Gamastrahlung</u> wird gemäß diesem quantisieren Modell auch einem sich ausbreitendem Teilchen zugeordnet. Die Gamastrahlung ist, im Bezug zur Alpha (Proton) und Betastrahlung (Elektron), die durchdringendste Strahlung. Es ist naheliegend, dass diese aus den kleinsten Teilchen, in der Größenordnung der Neutrinos, besteht. Damit sind kleinste Lücken in einer Materiestruktur durchdringbar. Eine andere Größenordnung ist die Ablösung des rotierenden Protons (vergleiche Feuer). Möglich ist auch eine Rotation der Neutronenstruktur um den Protonenkern. Dabei ist der Protonenkern als stationär anzusehen auch wenn die Möglichkeit einer beliebigen Rotation des Kerns besteht. Eine <u>Nutation</u> kann zur Trennung von Teilmaterie führen. Im Gegensatz führt die Veränderung des Flächenträgheitsmomentes im Bezug eines Schnittes entlang der Rotationsachse nicht zu einer Materieablösung. Möglich ist dies mittels wendelförmige Kreiselformen mit einzelnen verschiebbaren Teilstrukturen. Aus der Betrachtungsweise, eines abgelösten „Bruchstückes„ eines Protons wird davon ausgegangen, dass es keine einheitliche Neutrinogröße gibt. Dies stimmt mit aktuellen Diskussionen über Neutrinogrößen und der Masse überein. In der Vergangenheit erfahrene Unterschiede zur Größenbestimmung mögen auf Bestimmungen aus verschiedenen Betrachtungsachsen hervorgehen. Ein längliches Materieelement unterscheidet sich deutlich in der Bestimmungsgröße zwischen der Längs- und der Querachse. Im weitesten Sinne ist nach dem Austritt eine Unterscheidung zu den Elektronen bzw. einer Teilmasse der Elektronen schwierig. Für eine zukünftige Systematisierung schlägt der Autor eine Unterscheidung aufgrund der Form vor. Elektronen als Materieform wird die beschleunigbare „Kugelform" zugeordnet. Diese

Form kann im Detail systematische Abweichung tragen (z.B. Vertiefungen, Stäbchen, Zacken). Für den damit einhergehenden Größenbereich des Radius/Radien muss eine entsprechende Festlegung durchgeführt werden.

Im Weltraum kann im Makrobereich, in anderen als die auf der Erde gewohnten Größenordnung stabilere <u>transparente Materie</u> durch gefrorenes Wasser entstehen, das von Planeten, die ihre Atmosphäre verlieren, abgetragen wurde. Eisfelder könnten die Form einer Kombination aus einer konvexen „<u>Linse</u>" in einer Ebene haben und z. B. dadurch eine runde Reflektion/Spiegel mit einem deutlichen Kreis um einen inneren vagen Bezirk erzeugen. Analog sind die konkaven Eisformationen vorhanden. Diese Eisformation, erkennbar als reflektierender linsenartiger oder ringförmiger Abschluss können wie ein sich bewegendes zylinderförmiges schwarze Loch wirken bzw. sich kombinieren. Eine Lücke im Kreisring erzeugt eine Farbentfindungsabweichung. Einschlüsse im Eis können als Entladungskanal wirken. Neu eintreffende Teilchen bewirken bei einem geeigneten Auftreffen, das auslösen einer Lawingenförmigen Ausbreitung in einem bereits vorhanden Entladungskanal. Durch das Auftreffen des Elementarteilchen kann ein Entladungkanal bzw. Lichtkanal sichtbar werden.

Beispiele für beobachtbare reflektierende Ebenen (siehe auch "Schwamm"-Eindruck [9]) sind bekannt.

Im Mikrobereich kann z.B. Wasser, höchst komprimiert in Kernmaterie gefunden werden. Eine übergeordnete Bezeichnung für inhomogene Materieeinschlüsse sind Quarks.

3.4 „Konglomerat", Extruder und Reflektoren

Als Ergebnis der Strömung bilden sich Mate- rie „Konglomerate" in den ✧ Senken, welche durch das umgebende Material wirksam sind. In diesem Text wird zur Vereinfachung unter Konglomerate die Ansammlung von verschieden grossen Materieelementen bzw. Zusammenbündelungen verstanden.

Es entstehen und erlöschen in diesem Strömungsfeld auch immer neue Sonnen/ Sterne.

Das Strömungsfeld lässt Materie aus verschiedenen Richtungen "fliesen".

Dabei können ringförmige Materie Ansammlungen entstehen. Diese Ringstrukturen ändern je nach Temperatureinfluss oder dem Eintreffen von weiterer Materie ihre Form. Möglich ist die Elektronenkumulierung an den Ringscheiben und dem blitzartigen Auslösen von Elektronenströmen. Anschlagende innere Strukturen können aufgrund der Impulsreflektionen Öffnungen in der Randstruktur bilden, wenn keine energiereiche äußere Strahlung vorhanden ist. Diese Öffnungen in den ringförmigen Materialstrukturen sind anschliessend Durchgangsstrecken für von Außen eintreffende Teilchenströme. Damit bilden sich innere Verbindungen zwischen den Rändern vorstellbar als Streben. Viele parallel sich rotierend in eine Richtung ausbreitende Teilchen, bilden Linienstrukturen mit gleichem Abstand, zwischen denen sich gleichfalls Entladungsstrecken bilden können.

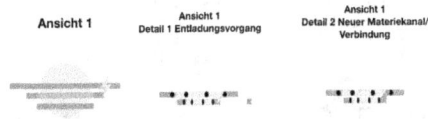

Abbildung 9': Interstellare Ringstrukturen und die Kumulation der Einzelscheiben durch Elektronenströme

Abschmelzende Eisstrukturen können Materiestapel zusammenbrechen lassen und somit massivere Zentren dieser anfänglichen Ebenen bilden. Die gebildeten Scheiben, ändern je nach lokalem Verhältnis, den Winkel der Rotationsachse. Es kann damit ein spiralförmiges aufrichten und verdrehen dieser Scheiben entstehen. Neben der Bildung eines Sterns sollten diese kreisenden Ringstrukturen ein wichtiges Element des <u>Kernfusionsprozesses</u> sein. Die Materie wird in diesen von zwei Seiten eintreffenden Strömungen, vorstellbar als "Walzen" komprimiert, verbunden und "Strahlung" oder Partikel werden entsprechend frei. Die Anwesenheit von Wasser(stoff) befördert die Verbindung durch

"Verknotungen". Als Darstellung siehe das Beispiel der dargestellten Ringströmungen aus Abbildung 18. Wie in Kapitel 3.4 dargelegt, wird Materie durch "Extruder" ausgestoßen und/ oder die Oberfläche öffnet/ schließt sich in regelmäßigen Abständen durch den Materieströmungsfeld Einfluss. Die Bewegung der Oberfläche ergibt sich wiederum aus Schwingungszuständen des gesamten Körpers in Kombination mit oft vorhanden Kreisströmungen. Neben der möglicherweise periodischen Oberflächenbewegung ergeben sich auch Reflektionen im inneren des Körpers. Diese Einzelvorgänge lösen bei der Überschreitung eines Grenzwertes einen Oberflächenaustritt aus. In vielen Fällen handelt es sich bei diesen Austritten um Wasser, dass bei einer Fusion entstanden ist. Das auslösende Moment für den Gerichten Vorgang mag eine Blitzentladung sein. Die zurückbleibende Materie ist dadurch verfestigt und dient als stabilisierendes Element z.B. eines Sterns. Ohne diese Annahme ist es, in einem Modell ohne eine Massenanziehung, weniger verständlich, dass die durch den Fusionsvorgang freiwerdende Energie den Stern nicht auseinander treibt. Kreisströme sind denkbare Auslöser des Zusammenhaltes der Materie im Stern. Strahlenförmige Materieerweiterungen können daraus entstehen. Vorstellbar sind diese in Form eines Baumes mit geraden Verästelungen. Denkbar ist, dass sich aus diesen wirkenden Kräften, wie z.B. die Erdmutation, die ersten aufgestapelten Zellenstrukturen gebildet haben. Sogenannte Isotope wie z.B. Deuterium bilden „abgeknickte" Verästelungen.

Betrachtet man Oberflächenaustritte im All, deren Folgen oder Explosion aus der Ferne, erhält man den "Schwamm"-Eindruck [9].

Die Kraft oder Abstoßung, wie z. B. die „elektrostatische"/ "magnetische" Kraft, thermische Effekte, ein komprimieren durch Explosionen/ Kollisionen und mechanische Faltung, entwickelt sich, gem. Kap. 2, aus jeder Raumveränderung im Strömungsfeld, die als Laufzeit verändernder Störstelle wirksam ist. Es ergibt sich je nach Ausrichtung und Anzahl eine gewisse Filterwirkung z.B. ähnlich einem Polarisationsfilter. Der Raum beginnt direkt hinter der Quelle der Verdrängung/Verschiebung.

Eine sich <u>bildende Ansammlung</u> von größeren <u>Materieelementen</u> streuen ankommende Impulse bzw. Materieverschiebungen in verschiedene Richtungen. Im Gegensatz dazu wird einzelnes Materieelement den Impuls entsprechend dem eintreffenden Winkel weitergeben oder reflektieren. Somit entsteht bei der größeren Materieansammlung eine

Teilung der einkommenden Impulse oder Frequenzen. Die Reflektion wird dadurch gestreut und verringert sich in der Gegenrichtung zum eintreffenden Impuls. Es kommt zu einer Verdichtung. Die Verdichtung führt dazu, dass Impulse auf einer breiteren Impulsfront besser weitergeben werden können ohne die gebildete Struktur wieder zu zerstören. Gegenläufige Impulse können zu einer mechanischen Verbindung der Materie führen. Die Schwingungszerlegung, Frequenzänderung bzw. Streuung begünstigt die Materiebündelung bzw. Bindung.

Eine teilweise massive Oberfläche oder <u>strukturierte Oberfläche</u> mit "Rissen" (in Bewegung), wie wir sie z.

B. auf der Sonne (vgl. auch [2]) oder einer Glühwendel beobachten, erzeugen Effekte als unregelmäßig gebogenes „Gitter". Es handelt sich um eine ungleichmäßige „Rissstruktur" durch verschiedene Temperaturbereiche. Die verschiedenen Temperaturbereiche aufgrund unterschiedlicher Materiebewegungsbereiche ergeben unterschiedliche Durchdringungswiderstände. Die transversale Projektion/ Interferenz eines gebogenen Rasters in verschiedenen Dimensionen, liefert an einem Spalt eine Verdichtung oder Beugung, die die Materie aufsummiert. Austretende Materie ist vergleichbar mit Reibungsresten von der im inneren rotierenden Materie. Die charakteristischen Muster sind abhängig vom Spaltmaterial bzw. der Spaltform, da die Teilchen entsprechende orthogonale bzw. transversale Beschleunigung am nahen Spaltdurchgang erhalten. Man vergleiche dazu auch die Steilheit eines Regenbogens abhängig von der Windstärke. Viele unterschiedliche Formen können, z. B. Teilebenen (vgl. Wasserstoffbänder), die Kugelform oder einen Kegel mit Erweiterungen als <u>Strings</u> (verkettet als hier benannte Super Strings), erzeugt werden, die heutige vorhandene atomare Konfiguration gebildet haben. Auch zeigen sich diese Auswürfe auf Wasseroberflächen als ungleichmäßige Ringformen u.a. als Mikrowellenstrahlung oder Schleifen in beliebiger Form bzw. entsprechend der Sonnenoberflächenaustrittsform. Der Oberflächenaustritt kann dabei auch die Folge eines vorherigen Fremdkörpereinschlages auf der Oberfläche sein.

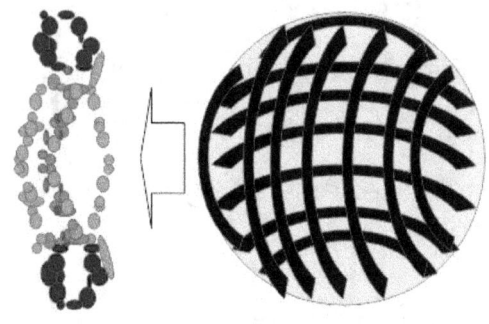

Abbildung 10: Materieformbildung am Kreuz- Spaltaustritt

Abbildung 10 zeigt ein Beispiel als vergrößerter Ausschnitt einer Materie Bildung durch den Austritt aus einer Oberflächenstruktur- das "extrudierte" Materie ist in der Darstellung um 90 °drehbar, je nach angenommener Spalt-Austrittsrichtung.

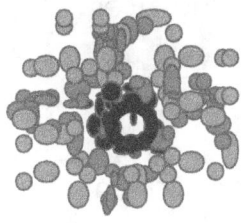

Abbildung 11: Teilansicht von Abbildung 10

Abbildung 11 zeigt z.B. einen Abschnitt von Abbildung 10 der erzeugten Materiedarstellung von der Austrittsoberfläche aus betrachtet. Die entstandenen Materialketten bilden gleichzeitig sichtbare Räume und Schleifen in der Struktur (oder Blasen). Dies geschieht mithilfe von erzeugenden Spaltbegrenzungen, der Austrittsmaterie, entsprechenden Strömungen und ersten Einflüssen der Streuungslinearisierung. Der Hohlraum kann durch eine Druckänderung entstanden sein oder aber wie in den meisten Fällen durch die Bildung eines Kreisringes bzw. einer Spiral- und Kreisströmung. Wenn diese Kreisströmung nicht geschlossen ist kann durch eine andere Strömung Materie in das Innere gelangen und wird an der gegenüberliegenden Innenwand angehalten. Schliesst sich diese Kreisstruktur wieder, ist der Innenraum möglicherweise ungleichmässig ausgefüllt. Diese komprimierten Material-

<u>anhäufungen zwischen den vorhanden Räumen</u> oder eingeschlossener Materie lassen sich auch als eine Form der <u>Quarks</u> benennen/interpretieren. Im freien Raum bildet eine kurzzeitige orthogonale Durchströmung durch eine anfänglichen Materie Ringform bzw. gebildete Scheibe, eine sich kugelförmig abschliessende Ebene. Mit dem vollständigen Schliessen dieser kugelförmigen Ebene bilden sich „<u>Blasen</u>" (geordnete Randzonen) in verschiedenen Größenordnungen. Die Ränder dieser Blasen zeichnen sich besonders ab wenn der Innenbereich mit aufgelockerter Materie gefüllt ist. Dieser Vorgang kann in einer Kernmaterie gleichzeitig an mehreren Stellen entstehen. Im Bereich

zwischen den Aussenwänden dieser Blasen lassen sich kleinere Wasserstoff ähnliche Elemente oder Ketten (als Namensvorschlag: Urwasserstoff) einschliessen und diese elastischen Füllungen oder Austauschteilchen können als <u>Gluon</u> ausgelegt werden. Es ist damit keine nicht erklärbare Kraft zwischen Protonen und Neutronen sondern ein Füllmaterial mit seiner eigenen Beschaffenheit. Dieser Mechanismus wirkt von der derzeitig nicht auflösbaren Größe bis zu den größten Planeten und Sternenformen.

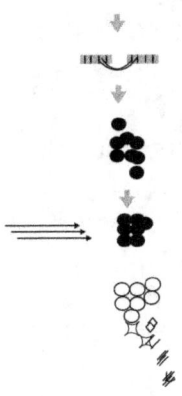

Abbildung 11': Von der Ringstruktur zur gebündelten Kugelstrukturen und Materiebildung weiterer Ordnung

Reste dieser Blasen wiederum lassen doppelwandige Materieketten zurück. Gefüllte Räume zwischen den kugelförmigen Elementen zeigen die Form eines allseitig flächig vertieften Kubus (Kubus Hyperbolikus). Im Falle der Ellipsoiden die eines Quaders. Eine strukturierte Bündelung oder Aneinanderreihung dieser Ketten können einfach Materieelemente wie Eisen entstehen lassen. Somit ist die Makrostruktur/Form des Sterns entscheidend, ohne zusätzliche Energiezuführung, für die Materiebildung und nicht die absolute Größe des Objektes.

Durch das durchqueren oder abscheren einer Oberflächenstruktur kann die „Ladungstrennung" z. B. durch Reibung entstehen. Aufgrund der experimentellen Erfahrungswerte in der Vergangenheit, muss der Abstand zwischen dem Kern und den umgebenden Elektronen zumindest in einer Ebene betrachtet größer sein als in der Abbildung 10 dargestellt. Es wird davon ausgegangen, dass die "Schlitzstruktur" im Bezug zum „Austrittskreuz", das den Kern entstehen ließe länger ist. Nach der in diesem Text vertretenen Betrachtungsweise sind die Elektronen als Wirbel oder/und durch die Schlitzdurchdringung entstanden. Gleichzeitig ergeben sich exponierte Materieformationen, die der bisherigen Betrachtung zur Aufenthaltswahrscheinlichkeit in einer „Elektronenwolke" entsprechen. Des weiteren kann von variierenden Kantenhöhen und verschiedenen Schlitzstrukturen ausgegangen werden. Ausgetretene Materie kann sich bei einer geläufigen Strömung in einem Kreisring anordnen welcher auch die Basis für einen Volumenkörper bildet. Auf der anderen Seite würde eine <u>gewickelte Struktur</u> (siehe auch Abbildung 1, nun als Beispiel für eine neutrale nicht rotierende Materie betrachtet) die Materie Abstände, im Vergleich zu einem ausgestreckten Materieband, deutlich reduzieren. Diese Vorgänge zur Verdrehung im Strömungsfeld lassen viele Varianten zu, die sich gegenseitig verzahnen können.

Es kann davon ausgegangen werden, dass es viel mehr Elektronen gibt als Kernelemente, die in den neutralen Strukturen eingebettet sind. Nach einer Freilegung wären diese erkennbar als Elektronen. Die Trennung zu Elementarkernbausteinen ist eine Definitionssache. Diese Elementarkernbausteine können auch als zeitlich frühe vorhandene Elemente im Weltall angesehen werden.

Die verfügbare Materie im Raum und die „<u>Austrittslücken</u>", ermöglichen die Bildung von vielen verschiedenen geformten Materialansammlungen (vgl. Abbildung 11) und deren späteren Verbindung. Es ist umgekehrt interessant, wie viele identische Materialkonstellationen dabei entstehen.

Das "extrudierte" Material, das einen Spalt durchquert, kann in Relation zu den sogenannten "Strings" gesetzt werden. Ohne eine Zustandsänderung in der Querrichtung zur Ausbreitungsrichtung oder eine, einen Grenzwert überschreitende Änderung in der Materialzuführung, bilden sich lange Materieketten. Individuelle Kettenformen entstehen, wenn sich andere Materie bereits verfestigt hat und die neue sich in deren Richtung ausbreitet (siehe Abbildung 12).

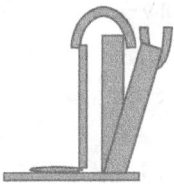

Abbildung 12: Materie Formation an einer bereits verfestigten Materialstruktur

Aufgrund von Temperatur-, Druckveränderungen (variierende Spaltbreiten), Kollisionen, Rotationen und Materialinhomogenitäten in der produzierenden Quelle, erhalten wir einen nicht konstanten Materialfluss. Das extrudierte Material erhält dickere und dünnere Materialketten und entsteht teilweise aus mehreren Austrittskanälen die, die Materie unterschiedlich zusammenführen.

Die Schichtung ist aufgrund von Strömungen und Schwankungen inhomogen bzgl. der Temperaturverteilung. Kältere Zonen können aufgrund von Lageschwankungen immer wieder erhitzt werden. Dies führt zu lokalen Druckerhöhungen. Wenn es in der darunterliegenden Schicht zu regelrechten Explosionen kommt, breitet sich an manchen Stellen Energie aus und entlädt sich innerhalb weniger Minuten in Temperaturausbrüchen/ Materialausbrüchen z.B. um 100000 Grad.

Materie, die sehr strukturiert, komprimiert und relativ homogen ist, wird in einer Sternexplosion, als komprimierter Kern entstehen. Die expandierenden Verschiebungen bewegen sich meist im Zentrum in ähnlichen/den gleichen expandierenden Richtungen. Dies kann in Relation zur sogenannten "<u>Supersymmetrie</u>" gesetzt werden.

Extreme Reaktionen von Materieausbrüchen, etwa durch Ringströmungskollisionen aber auch im Detail biologische entstandene Strukturen, produzieren durch Reproduktion, sehr ähnliche Formationen. Staub bzw. kleinste Schwebeteilchen sind eher ungeordnete Strukturen und werden durch äußere Einflüsse zumindest in einer Vorzugsrichtung homogenisiert. Wasserelemente, als Nebenprodukte oder Oxide, können aufgrund ihrer Streifenstruktur dazu beitragen diese zu transportieren und <u>Sedimente</u> zu bilden.

Diese, in verschiedenen Formen von Strömungen verbrachte Materie, kann zusammen mit dem Einfluss von bereits gebildeten „Konglomerat", neue Formationen entstehen lassen. Verschiedene bereits verbundene Materiestrukturen im Raum verändern die Strömung in der Umgebung und lassen andere Formen der Anhäufung entstehen.

Die Nähe zu einer großen drehenden kugelsymmetrischen Masse z. B. ändert eine weitere Materieansammlung in Form eines drehenden Kreises z.B. in die bekannte Kegelform.

Aus dem Wechsel zwischen der Quellen- und Senkenbetrachtung läßt sich ein Wechsel zwischen Materie Austritt und Formation noch einmal visualisieren und wiederholen:

Das Strömungsfeld erzeugt die Drehung mittels der vorhandenen Masseninhomogenitäten, reflektierenden Strukturen oder entgegengesetzten Strömungen.

Weitgehend bekannt ist das Bild eines drehenden Wildwasserwirbels oder <u>Senkenwirbels</u>. Eine im Kreis gerichtete Strömung die sich in einer beruhigten Zone zwischen schneller fliessenden Elementen bildet.

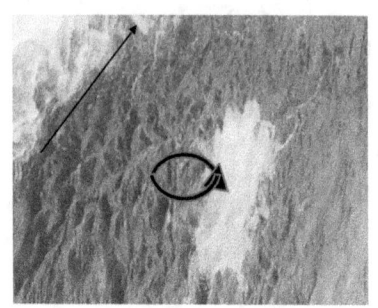

Abbildung 13 „Senkenwirbel"

Die Drehung erzeugt im Gegensatz zur Kollision ein Verbleiben um die Ausgangsposition. Die Bewegung der Drehung ist ein Masse verbindendes Element. Durch die Nähe zu einer "sammelnden" Masse, die eine beruhigte Zone und durch die Drehung z.B. eine Abwärtsströmung in einem Strömungsfeld produziert, entsteht eine Kegelform, eine elliptische Umlaufbahn, ein Kippen, Pendeln/Schwingen, ein spiralförmiges drehendes „Rad" etc. (vgl. Abbildung 14). Die Strömung um die "sammelnden" Massen kann Ungleichgewichte erhalten. Das "Sammeln" basiert auf der Änderung der einzelnen Materieflussrichtungsvektoren aufgrund der spezifischen Oberflächenstruktur der Masse.

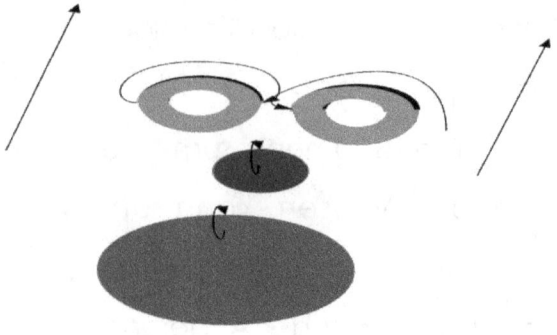

Abbildung 14: Je nach der Beschaffenheit der Oberflächenstruktur und Anordnung entstehen in der Nähe zu einer "sammelnden" Masse verschiedene Formen der Materieansammlung

Die entstehenden Formen sind neben der vorherrschenden Strömung, abhängig von den umgebenden Materieelementen bzw. deren Eigenschaft als Reflektoren. Dies gilt in unserer direkten Nähe, auf z.B. einem Fluss, wobei das Ufer als ein Reflektor dient aber auch Wasserstrukturen, die gewöhnlich streifenartige glatte Strukturen bilden und sich als Reflektoren eignen.

Auch sind die Saturnringe ein anschauliches Beispiel. Verworfene, verbundene Eiskonstellationen in Verbindung mit kraterförmigen Vertiefungen die als Reflektoren dienen.

Im Großen, um unser Sonnensystem, wobei ein Kuipergürtel als Reflektor fungiert.

Eine Visualisierung zum Strömungsfeld wird analog zum strömenden Wasser in einem <u>Wasserfall</u> angenommen. Die Kraft spürt der Beobachter nicht solange er sich mit dem Wasser bewegt. Erst wenn er sich am Aufprallende bzw. der Reflektionsfläche des Wasserfalles befindet oder sich aufrichten möchte, spürt er die wirkende Kraft des fallenden Wassers.

Man bedenke dabei die hohe Geschwindigkeit mit der wir uns im Weltraum bewegen. Zur Erddrehung kommt die Geschwindigkeit des Sonnensystems und die des Spiralarmes der Milchstrasse. Reflektionen entstehen an verschiedensten Schichten.

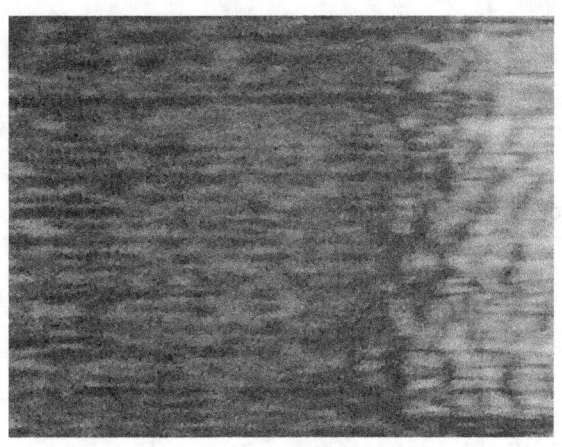

Abbildung 15: Strömendes Wasser im Wasserfall

Die Erdentstehung und andere Festkörper im All kann man sich wie folgt vorstellen.

Im gegenläufigen Strömungsfeld entstehen anfänglich ringförmige Scheibenförmige Materieansammlungen. Die Kugelform ist eine Materieanhäufung aufgrund der weiteren Ansammlung auf Basis dieser ersten Materieansammlungen in einer Kreisbewegung. Von Aussen in den Kreisring eintretende Materie wird durch Kollisionen gestreut. Die im Kreisring vorhandene Materie bildet mit höherer Wahrscheinlichkeit eine Reflektionsbarriere. Es entstehen Wellenförmige Bewegungen bzw. Impulsausbreitungen aufgrund eintreffender Materie. Die weitergegebenen Impulse bzw. geschobene schMaterie löst sich am Ende der Scheibe auf der bereits gebunden Materieseite weniger ab als auf der materieabgewandten Seite. Dadurch kommt es zu rücklaufenden wellenförmigen Bewegungen die dadurch den Kern verdichten. Der identische Effekt bildet sich in der

Umfangsrichtung aus. Sobald sich diese umlaufende Ausbreitung entgegengesetzt trifft kommt es zu Kollisionen und zu einer möglichen Aufstapelung oder Faltung. Vergleichbar mit einer Fächerform. Querströmungen aus der Spiralbewegung verstärken die Verknüpfung. Es trifft von allen Seiten immer mehr Materie mit durchdringenden Eigenschaften (aufgrund der Partikel Größe und der vorhanden Lücken) in den inneren Bereich. Die Wahrscheinlichkeit des Austrittes ist geringer aufgrund weiterer Kollisionen mit anderen Teilchen im Inneren und der resultierenden Streuung. Vergleichbar mit einem Behälter gefüllt mit groben Kies und dem Einfüllen von Sand. Jedoch wird dieser Sand von allen Seiten eingefüllt und dieser sammelt sich aufgrund der Kollisionen in der Mitte. Andere Effekte wirken wie bereits beschrieben verknüpfend.

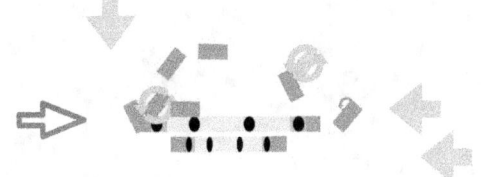

Abbildung 15': Materieansammlung an einer interstellaren Scheibe aufgrund der Reflektion/Aufprall von länglich verketteten Materieelementen.

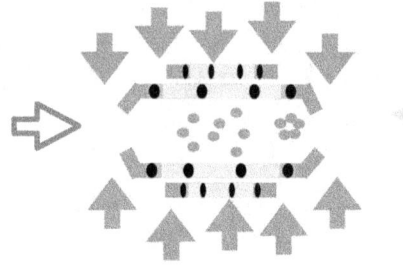

Abbildung 15'': Eintritt und Sammlung feinerer Materie im inneren einer Kreisströmung

3.5 Big Bang, rotierende Galaxien und Materieansammlungen

Nach dem fundamentalen Prinzip der Energieerhaltung bleibt die Energie im Gesamtsystem, in dieser Betrachtung im Weltall, konstant. Zu einer Senke gehört eine Quelle. Aus der Absorption bzw. Fusion entsteht bis zu einer maximalen Größe „Energie"/ eine Verschiebung. Die Verschiebung kann eine Kettenreaktion auslösen. Im Detail kann sich ein Prozess ereignen. Möglich ist, dass durch das Zusammentreffen ein neuer Raum eröffnet wird. In der Folge entsteht ein Einströmen und eine Reflektion, mit einem folgenden Verschliessen einer Lücke als <u>Fusion</u>. Die Abstrahlung kann neben dem Reflektionsstrahl auch als Entspannen oder stärker als ein Zerreißen der Materie gedeutet werden.

In Anbetracht der Sichtweise <u>verteilter Quellen und Senken</u>, ist kein zu erwartendes großes Zusammenziehen („big drop") und <u>keine unendliche Raumexpansion</u> wie in der Big Bang Theorie beschrieben notwendig. Alleine der Vergleich zwischen den Größenordnungen der Sonne und der Erde zeigt, wie relativ gewaltig eine Explosion der Sonne auf der Erde empfunden werden würde. Die Frage der vollständigen Entstehung des Weltalls, durch eine Explosion kann stark bezweifelt werden. Besser vorstellbar für die Entstehung des Weltalls ist eine beliebige Verteilung der ersten Gaselemente. Die Trennung zweier verbundener Elemente, ähnlich dem radioaktiven Zerfall, hatte eine Verschiebung zur Folge. Ist diese Verschiebung an mehreren Stelle entstanden, ergab sich zufällig eine Strömung, aufgrund derer sich Masse bündelte. Die Grenze zur Fusion würde durch mehrere gut positionierte Verschiebungen überschritten werden können. Sobald eine gelungene Fusion gestartet werden konnte, entstehen durch die verstärkt erzeugte Strömung weitere, mit den bekannten Folgen. Eine Folge ist, als besonders große Supernova denkbar, die als ein Urknall von vielen angesehen werden kann. Das besondere Ereignis ist auch in der Erdentstehung denkbar. Neben dem Mond als Überbleibsel einer Erdkollision, ist Eris ein Kandidat für Erdgestein. Der festgestellte Methangehalt könnte auf eine bakterielle/biologische Herkunft, in Kombination mit einem durch nukleare Aktivität sich erwärmenden Innenklimas, hindeuten. Ansonsten müßte der Methanausstoss bereits beendet sein. Gleichzeitig ergibt sich durch die Existenz von Eris ein Element des gesuchten „Pendelsystems" in dem bekannten Teil des Sonnensystems. Ein grosser Urknall, ausgelöst durch eine Wasserstoffexplosion, benötigt als Reaktives Element Sauerstoff. Die

Entstehung von Sauerstoff aus biologischen Reaktionen ist denkbar. Diese Betrachtung erscheint jedoch zu einfach. Der bereits aufgegriffene Gedanke zum Urwasserstoff würde mittels mechanischer Kräfte heute bekannte Formen annehmen. In der Folge entsteht Helium als „größere" Verbindung von Wasserstoffelementen. Das ausgeglichene Rotieren bildet dabei einen stabilen Zustand. Die Rotation wird gleichmässiger. Der abgegeben Impuls im Falle eines Stosses verringert sich. Elemente zwischen den rotierenden Elementen, erhalten dadurch ihre Charakteristische Form. Ein Sauerstoff wiederum wurde in dieser Betrachtungsweise (abgesehen von der biologischen Entstehung durch

Planzen bzw. Bakterien) als eine Kombination von Helium mit Kohlenstoffelementen angesehen. Es wäre damit eine Folgeelement und nicht plötzlich dazugestossen um in dieser Verbindung eine Explosion zu erzeugen. Eine mögliche Instabilität oder grosse Verschiebung ist eher denkbar durch die instabile Verknüpfungsart der Einzelelemente. Denkbar ist, dass ein oder mehrere Wasserstoffkegel bzw. Röhre auf dem stabförmigen Ende des Sauerstoffelementes rotieren und eine unregelmäßige Struktur aufweisen. Wenn der Raum mit diesen Elementen ausgefüllt ist könnte es aufgrund einer linearisierten Ausrichtung zu in einer Kette kollabierenden Reihe von Hohlräumen kommen. Ein vollständige Explosion, im Bezug zu einem Urknall, würde am Aussenbereich des Explosionszentrum typische Muster erzeugen die bisher nicht erkennbar sind. Die bekannte Hintergrundstrahlung deutet mehr auf eine Summe von zeitlich verschiedenen Explosionsüberresten (Supernovas) hin. Somit verbleibt die Annahme des verteilen Quellen und Senkenfeldes.

Aufgrund der verteilten Strömungsfeldquellensituation, existiert genau betrachtet die für die Satellittenanwendung wichtige <u>ungestörte Lagrange</u>- Umlaufbahnstabilität nicht. Erklärt wird es damit, dass eine homogen durchströmte Umlaufbahn nicht der realen Situation entspricht.

Gleichzeitig existiert dadurch auch keine geschlossene analytische Lösung zur Berechnung möglicher Umlaufbahnen.

Aufgrund der unterschiedlichen strömenden Quellen und Richtungen können die registrierten entgegen-gesetzten Rotationsrichtungen von Galaxien verstanden werden. Die von der Quelle erzeugte Verschiebung wird durch die transportierte Masse und Abstrahlung übernommen, um die Energie Äquivalents zu erfüllen. Je nach der initiierenden Verschiebungs- Eigenschaft Quelle bildet sich eine Verteilung oder Konglomerat der Formationen von Materie aus.

In Anbetracht dessen, dass das Strömungsfeld wegen der verteilten Quellen aus verschiedenen Richtungen kommt, zusammen mit der Bindungskraft im allgemeinen und der erodierenden Wirkung an allen Rändern, ist die resultierende geometrische Formation die Annäherung an die Kugel. Unsymmetrische Materieanhäufungen oder auch unsymmetrisches Kernmaterial erzeugen andere geometrische Materiebündelungen wie z.B. Spiralformationen. Die zusammengeführte verbundene Materie ist, bei entsprechend angepasster aktivitätsfreier, reflektionsarmer Impulsdurchleitung, richtungsabhängiger Streuung oder Impulsweitergabe frei von ausdehnenden Kräften (Abb. 4), besonders wenn die geometrische Form der Materialien geeignet ist, zeitweilige Freiräume dazwischen zu verdichten. Es ergibt sich eine relative „Unsichtbarkeit". Zwei, drei usw. Kreise eignen sich nicht wirklich, um die Lücke dazwischen vollständig zu schließen, kleinere Kreise können immer nur die Lücke ein wenig besser ausfüllen aber nicht beseitigen. Somit versteht sich der Charakter der <u>Kreiszahl Pi</u> als eine unendlicher Erweiterungsfaktor für die einzelnen Kreisflächen und entsprechende Umfänge. Im Gegensatz dazu, bilden Strukturen die den Primzahlen folgen, geschlossene Formen mit gebündelten einheitlichen Impulsreflektionen (gerichtete Form). Die Einheitlichkeit entsteht durch die sich wiederholenden Längen und Winkel der sich bildenden Polygone, wobei die Anzahl der Ecken/Enden der Primzahl entspricht und in der Materie-Formation als die typischen <u>Kristallformen</u> bekannt sind. Bei der Kugelform, die der Zahl Eins entspräche, ergibt sich bei einer Verschiebung aus dem Mittelpunkt und auf der Oberfläche eine einheitliche Reflektion. Die perfekte Kugelform ist jedoch in der Natur nicht vorhanden. Aus der Primzahl Zwei lassen sich Stäbe zu einer Fläche und zu einem Zylinder ergänzen. Die Zahl Drei bildet ein Dreieck und in der Volumenform die Pyramide. Der Knotenpunkt oder das Zusammentreffen von mehreren Kanten von angeordneten Polygonen stellen eine

Ausrichtung oder ein Fokus dar. Die Komprimierung ist aus verschiedenen Richtungen möglich. Neben dem zusammenschieben von Kanten, entstehen auch Verdichtung, die auf die Ecke eines Quader wirkten (Wabenform). Das Sechseck bzw. einzelne dies bildende Dreiecke, bieten in der geordneten Anordnung, eine vollständig geschlossene Fläche und gleichzeitig eine stabile Bauform für verschiedenste Strömungsrichtungen. Ergibt sich im Falle der Stabbündelung ein Längenunterschied bildet dieser einen <u>Winkelüberstand,</u> d.h. ein Stab Paar ist nicht direkt am abschließenden Ende verbunden. Dieser Überstand erzeugt gleichzeitig die Möglichkeit aus verbundenen und einzelnen

Stäben die nächste Stufe, das Dreieck, und ein Kristallgitter zu erzeugen. Es genügt bereits eine Abweichung durch eine Elementverbindung um als Stapelstütze oder Aufhängungspunkt zu dienen. Im Gegensatz dazu ist der Quader angerichtet. Ein fugenloses Zusammenbündeln stellt einen höheren Widerstand im Strömungsfeld dar. Die Konstellation löst sich durch ein schichtweises Abdrehen am schnellsten auf (Kettenreaktion).

Bei Zahlen bis 1000 ergibt sich ein ca. Verhältnis von 80/20 für Primzahlen. Diese 20% der Fokussierung wären als gerichtete Materie anzusehen, in dieser Auslegung als Materie, die gerichtet von kleinerer Materie durchdrungen bzw. geleitet würde. Beim 2D Auftragen dieser Primzahlen und anschliessenden rotieren ergibt sich ein sich aufweitender Schlauch (siehe auch Riemann Hypothese). Damit kann eine kreisrotierende Materiebewegung in eine Vorzugsrichtung gedrängt werden (kontinuierlich oder in Intervallen).

Die äußeren Komponenten der Strömungskräfte bewegen sich in die entgegengesetzte Richtung und bilden Scherkräfte bzw. einen Wirbel. Beidseitig umströmte äußere Bezirke komprimieren die Inneren Bezirke bei jedem zusätzlichen Einfluss. Das Erscheinungsbild zwischen kompremierten Volumenkörpern, z.B. Blasen, Ovalkörper, variiert stark, je nach Ausgangsform, Ausrichtung und Verdichtungszunahme. Die Kompressionskraft ist wirksam. Dieser Mechanismus ist hauptsächlich verantwortlich für die Bildung von Materie „Konglomeraten" (Vergleiche Abbildung 4). Die Materieansammlungen stören den Fluss des Strömungsfeldes und zwingen andere Materie, die ursprüngliche Trajektorie/ Umlaufbahn zu verlassen. Die horizontale Kraftkomponente, in Bezug auf die Fließrichtung, ist, näher an einem relevanten Materie „Konglomerat", stärker gebremst oder verringert. Umgekehrt kann durch eine Materieverbindung die wirkende Kraft an dieser Stelle stärker werden und damit die Materie abtransportiert werden (Hebel). Eine

Aufweichung von wasserlöslichen Kristallstrukturen ist so vorstellbar. Aus dem umgekehrten Effekt, dem Aufwickeln bzw. Drehen von Kristallisationskernen in der Lösung/Flüssigkeit läßt sich die innere Feinstruktur von Kristallen erklären. Die Kanten des am Anfang kleinen Kristallisationskernes werden durch längere Strukturen überbrückt. In einer radial zum Erdkern gerichteten Gravitationskraft, gäbe es keinen Auslöser für eine Drehung der symmetrischen Kristallisationskerne, z.B. eines Würfel oder besser zweier über die Eckkante aufeinander gepresster Würfel, solange eine äußere Kraft nicht überwiegt. Temperaturwechsel verstärken die Kristallvergrösserung. Innere Strukturen werden verdichtet und grössere Lücken entstehen zwischen den ausgebildeten grösseren Strukturen. Bekannte Beispiele sind sich im Temperaturwechsel verändernde Schneeflächen. Die Anfangs fein kristalline Struktur verändert unter den wechseln zu gröberen kristallinen Strukturen. Der gleichen Effekt zeigen Kristallkalotten im zeitlichen Abbild der inneren Kristallstrukturen von feinen Strukturen bis zu den grossen, zur Mitte geneigten Kristallen der Kalotte. Dabei durchdringt oder sammelt sich ähnlich dichte Materie in gleichen Ebenen vergleichbar mit einem Sediment. Die unterschiedlichen Materien zeigen die entsprechenden Farben.

Ein offensichtlicher analoger Effekt zur Ablösung und Anlagerung kann täglich in einem fließenden Fluss hinter jedem Felsen oder Brückenpfeiler beobachtet werden. Es sammelt sich Material als Kies auf der Rückseite dieses Materie "Extremum" an. Ein <u>Materie Extremum</u> kann ein Schwarzes Loch vergleichbar mit einer „Kegelform" sein. Das Materie Extremum fungiert als Strömungsfeld Senke und sammelt Materie in der Nähe an. Die Rückseite ist von der Strömungsquelle durch das Materie Extremum vergleichbar mit einem Pfeiler getrennt. Im Falle eines Materieausstosses aus dem Materie Extremum bildet sich eine in etwa symmetrische Materieansammlung um den Ausstosspunkt. Ein großer

Asteroidengürtel, wie z.B. der Kuipergürtel, wirkt in der Reflektion abrundend in Intervallen.

Die einleitenden Effekte als Aufpunkte für Extrema sind als Sammelpunkte für Materialverschiebungen aus verschieden Richtungen zu sehen. Es eignen sich temperaturbedingte verfestigte Verbindungen, Materialeinschübe (vgl. Van der Waals Kräfte auf Basis von Materialstrukturen), Übergänge wie "elektrostatische" Kräfte und anschließende atomare Bindungseffekte zu Konglomeration. Vorstellbar ist eine Kugel-/ Ellipsoid-/ Hyperboloid-/ Ringbildung etc. mit Noppenüberständen oder Auflagen auf einer Ebene z.B. aus Wasserstoffstrukturresten.

Wasserstoff kommt primär häufiger vor oder wird erzeugt (z.B. gedreht, gerieben, gerollt, gedrückt, möglicherweise in Verbindung mit „Elementarschwefel" und Kohlenstoff).

Die Abbildung 16 verdeutlicht eine Änderung der Primärform durch den Aufprall auf andere Elemente. Die mögliche entstandene Verformung eignet sich besser für eine anschliessende Verbindung, in diesem Fall durch eine Verhakung. Ebenso führen Temperaturerhöhungen mittels einer Verkokung zu Rauigkeiten die eine Verbindung fördern.

Auch andere Elemente, bzw. deren frühere Elementarbausteine, eignen sich zu derartigen Verbindungsformen.

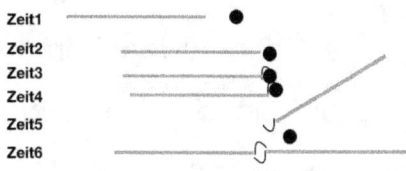

Abbildung 16: Einzelne Bindungseffekte durch einen Aufprall und einem Verhaken oder Verwickeln in einem Teilchenstrom

Der durch die Umgebungsänderung bzw. Verschiebung von Elementarteilchen erzeugte Materieeinfluss ist viel kleiner, da diese selten als „Polarisationsfilter" fungieren können (vgl. ein <u>Neutrino</u> als abgelöster Teil eines

Neutrons (oder auch Protons) zur Erzeugung eines rotierenden Elementarteilchens und in der Definitionserweiterung eines Elektrons). Dem Proton wurde zuvor der stationäre Kreisel zugeordnet. Die Rotationsrichtung, die bisher zur Unterscheidungen zwischen Positronen und Elektronen führte hat keinen Einfluss auf die Bezeichnung.

Die Materie Struktur ist wesentlich für die Geschwindigkeit der Ausbreitung. Diese Reflektionen an bestehenden Strukturen, die die anfängliche Verschiebung auslösende oder wirkende Kraft und der durch den "Impulsleiter" bedingte Ausbreitungseinfluss, beeinflussen das Strömungsfeld, wie wir es in unserer Milchstraße beobachten. Der „Impulsleiter" wird als Ausbreitungsbahn bzw. -weg oder Ausbreitungsbereich für die örtliche Weitergabe einer anfänglichen Verschiebung verstanden. Die Impuls Quellen bzw. Verschiebungserzeuger und die Senken sind im Raum verbreitet und ändern ihre Stärke. Die resultierenden Kräfte in diesem strömenden Feld bündeln Massen nicht per Anziehung, sondern auf einer mechanischen Basis. Diese Elemente werden rotiert, verknotet, verwickelt, reflektiert, verhakt und in die bekannten Konstellationen transportiert. Neben der ursprünglich ausgelösten Bewegung, etwa durch die <u>Kollision zweier sehr grosser Körper</u> und deren anschliessenden relativ engen Drehung, erhalten wir in der Milchstraße die <u>lokale Hauptform</u> als Spiralgalaxie. Eine Querströmung im Zentrum zwischen den beiden Kollisionskörpern als auch die umliegenden Reflektoren eignen sich zur Erzeugung der Spiralströmung. In der Umgebung der Milchstrasse finden sich neben dem Andromeda Galaxie auch elliptische Galaxien, Sternhaufen etc. die gleichzeitig hauptrichtungsgebend sind oder durch die äußeren Hauptrichtungen vorgegeben sind. Die Annahme ist naheliegend, das die beiden ungleich grossen Materiekörper im Zentrum der Milchstrasse über mehrere Materieverbindung, eine Art Brücke bzw. Tunnel/Hohlleiter/Durchströmungsröhre, nun verbunden sind und weiter rotieren. Feststellbare Pendelbewegungen deuten auf einen unregelmäßigen Strömungsausfluss bzw. Durchfluss. Vorstellbar ist dieser Vorgang als eine Durchströmungsröhre in der ein unregelmäßiger Körper rotiert. Bildlich vorstellbar als Trillerpfeife mit der Kugel im Inneren. Die Aufrechterhalten der unregelmäßigen Drehbewegung des inneren Rotationskörper wird einerseits durch einen inhomogenen Materiezufluss erzeugt und eine Verstellung des Abstandes der umliegenden Struktur bzw. deren Reflektoren. Man vergleiche dazu eine römisch- christliche Darstellung aus Abbildung 16' als auch klassische Anordnungsvorgaben zur Materie kirchlicher Darstellungen.

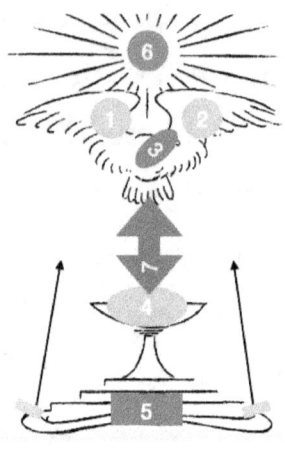

Abbildung 16' Mögliche Zuordnung der römischen kirchlichen Abbildung zur zentralen Milchstrassenspiralbewegung.

Die Flügel Nr. 1,2 werden den beiden Kollisionskörpern, der Kopf Nr. 3 wird dem Querströmungstunnel bzw. Weg zugeordnet. Ein Stern bzw. verschiedene Sterne Nr. 6 dienen als Quelle für ein vertikales Pendeln, Nr. 4 und Nr. 5, werden die Reflektoren zugeordnet. Wobei der Reflektor Nr. 5 eine Schlange darstellt, dessen schräge Reflektionsrichtung offensichtlich die Kollision der beiden massiven Zentralkörper erzeugten.

Zufällige Einschläge in umliegende Sterne erzeugen Auswürfe die in diesem Zentralsystem zu Dichteschwankungen im Materiezufluss führen. Der Durchgang zwischen diesen großen Materiekörpern (als schwarzes Loch bezeichnet) erzeugt eine Strömungsverdichtung entgegen der Hauptrotationsrichtung die in unserem Sonnensystem merklich besteht. Jede Strömungsanregung näherungsweise orthogonal zu dieser Rotationsrichtung erzeugt im Ergebnis eine Spiralbewegung. Überschlägt sich die Strömungsanregung, ähnlich wie eine Meereswelle, ändert sich die Ausbreitungsrichtung und es bildet sich ein rhythmische Vor- und Zurück- Ausbreitung. Als Folge entsteht eine in sich verdrehte Spirale, die sich nicht unbedingt ihrer Länge nach weiter ausbreitet. Reflektionen und Asymmetrien erzeugen Veränderungen der Rotationsbahnen wie z. B. die Änderung der Mond und Sonnen bzw. Erd-Ekliptik oder dem Tausch der Umlaufbahn von Monden (siehe Saturnmonde). Der identische Effekt und die Wirkung von strukturierten Materie Formationen durch (längs-, transversal-) Strömungsfeld Kräfte, unter wechselnden Bedingungen, lässt sich auf die Verteilung von <u>Galaxienformen</u> und Rotationen übertragen. Diese Theorie lässt, durch Beobachtung erlangte Kenntnis der Rotationsgeschwindigkeitsverteilungen am Rande der Milchstrasse und die nach der bisherigen Berechnungsmethode unrichtige Abnahme dieser Rotationsgeschwindigkeit oder eine notwendige abschnittsweise Einführung von Korrekturfaktoren, den Wunsch nach einer Ablösung der bisherigen Theorie wesentlich stärker werden.

Die beobachtete schnellere Weltraumausbreitung wird durch die Annahme eines intensiveren Impulstransfers im Strömungsfeld erklärt. In diesen Bereichen sind weniger Turbulenzen vorhanden, die gewöhnlich von dort befindlichen größeren Materieansammlungen ausgelöst werden. Gleichzeitig basieren aktuelle Ausbreitungsgeschwindigkeitsmessungen auf Beobachtungen zur Lichtausbreitung. Diese sind aber möglicherweise durch die bisherige unverstandene Annahmen zum Lichtmechanismus nicht fundiert (z.B. Lichtquanten ohne Masse, Konstanz im Brechungsindex). Ältere, inzwischen nicht mehr verfolgte Theorien sprachen von einer Lichtermüdung.

Denkbar ist auch ein Effekt der Linearisierung bzw. dem Ausgleich der gesamten Struktur der Lichtträger oder einer Überdeckung. Eine Bewegung in eine Richtung erzeugt Reflektionen dich sich entgegen der Ausbreitungsrichtung ausbreiten. Es entsteht für einen Beobachter eine langsamere Relativgeschwindigkeit. Die anfänglich vorhandene Aktivität reduziert sich in Teilen zur Form von dunkler Materie (im Sinne der Oberflächenstruktur bzw. Bewegung). Damit wird ein Abstand zwischen mehreren Lichtträgern optisch größer - dies ist vorstellbar mit dem Ausfall von einzelnen Leuchten in einer Kette.

Dieser Effekt geschieht in der Sub-Nano-Welt wie in großen skalierten Dimensionen. Diese Rotationen können, neben dem Einfluss auf die Materiebildungen, gleichzeitig als Milchstraßen "Spirale", dem Effekt der Mondrotation auf die Erde, auf der Erde in einer zweidimensionalen Projektion aus dem 3D-Rotationsereignis, wie z.B. die Wicklungen eines Flusses (2D), den Wurzeln (3D), Huygens "Interferenz Proben", Mandelbrot usw. beobachtet werden. Starke Rotationen erzeugen, unter gewissen Voraussetzungen, ein schwarzes Loch (falls es nicht durch eine einseitige Explosion oder den Zerfall des Kernes entstanden ist) oder erzeugen einen Stern. Ein schwarzes Loch, oder eine Schlucht zwischen den beiden ursprünglich die Milchstrasse erzeugenden Massekörper, wie das im Zentrum der Milchstrasse vorhandene, bildet mit seiner Massestruktur gleichzeitig einen gerichteten Durchgang und Reflektor. Möglicherweise enthält es auch aktive Zonen die entsprechende Materieaustritte erzeugen. Diese aktiven Zonen können sich mittels eines inneren Kanals bilden. Dieser durchströmt den Innenbereich. Dieser Innenbereich muß durchaus, wie zur beschrieben, nicht homogen aufgebaut sein, sondern kann dabei über Materie Kreiswirbel verfügen. Die Strömungsrichtung zwischen diesen einzelnen Wirbeln entscheidet über die Drehrichtung dieser Wirbel. Gewöhnlich behält die beschleunigte Materie ihre geradlinige Ausbreitungsrichtung solange bei, bis diese erneut beeinflusst wird. Kombinieren sich diese mit anderen Materieelementen bzw. Festkörpern, besonders mit Wassermolekülen, im zu durchströmenden Kanal, ergeben sich farblich trennbare Strahlenzonen, da aufgrund des Abstandes zum Proton und der Aussenregion, verschiedene freie Weglängen für die impulsartig bewegte Materie in der jeweiligen Zone vorhanden sind. Kurze freie Weglängen im Bereich der dichteren Materieabstände erzeugen einen blauen Farbeindruck. Gleichzeitig ist die Temperatur höher. Weiter am Austrittsbereich des abschliessenden Strömungsdurchganges oder Austrittsgraters, erscheinen durch die längere freie Weglänge die Leuchterscheinungen oder Materieströme in rötlicher Färbung.

Wenn die Erdrotation immer noch ein Überbleibsel aus dem Urknall wäre, warum würde die Reibung zwischen der Erde und der Atmosphäre nicht die Rotationsgeschwindigkeit reduziert haben- die Coriolis Kraft beeinflusst in erster Linie die Atmosphäre und nicht den Planeten. Der reine Bestrahlungseinfluss durch die eine Sonne im Sonnensystem sollte zu einem anderen Rotationsverhalten führen. Geht man von einem mehrfach Pendelsystem aus, muss die Sonnensystemdefintion durch weitere Massen erweitert werden. Andere Objekte in unserem Sonnensystem, wie z.B. die Venus, zeigen ein anderes Rotationsverhalten zwischen dem Festkörper und der Atmosphäre. Diese dreht sich bei der Venus wesentlich schneller obwohl diese weiter reicht als die der Erde.

Eine homogen gefüllte runde Materialkugel im Raum wird mit den bekannten Messmethoden nicht in allen Messpunkten eine (Gravitations-)Kraft zeigen, die mit dem Quadrat des Radius im strömenden Feld übereinstimmt bzw. abnimmt (siehe Kapitel zum experimentellen Nachweis).

Durch die Quellen- und Senken- Betrachtung löst sich das Problem der scheinbaren unerklärlichen, unendlichen Ausdehnung. Der Effekt von größeren Materieanhäufungen im Strömungsfeld erzeugt verschiedene Strömungsgeschwindigkeiten, die den Eindruck einer beschleunigten Expansion erzeugen können. Dichtere Materie erzeugt bei gleichbleibenden Verschiebungskräften eine Verdichtung im umliegenden Raum. Diese Verdichtung erzeugt eine schnellere Impulsweitergabe. Mit Abstand betrachtet kann dieser Vorgang den Eindruck einer schnelleren Expansion hinterlassen. Beugungseffekte durch verdichtete Materie im Beobachtungspfad verstärken möglicherweise den Effekt zusätzlich.

Eine <u>Singularität</u> ist in dieser Beschreibung auch möglich. Diese wird repräsentiert durch die <u>Fusion</u> (zur Abgrenzung von der bisherigen Auslegung einer besonderen Gravitationseigenschaft). Aus zwei Materieelementen wird eines. Zwei Teilchen in der Annäherung bilden ein längliches Objekt (eine Kante). Mathematisch lässt sich die Definition der <u>komplexen Zahlen</u> dazu verwenden. Mit der Definition:

i*i=-1 (oder j in der Elektrotechnik) wird eine Änderung durch die Fusion beschrieben. Nach dem Fusionsvorgang ist ein Element reduziert und die Fläche der beiden Elemente ist nach der Zeit ineinander übergegangen (i*i oder x*y). Ergänzt man auf beiden Seiten durch einen Faktor k ergibt sich ein Maß für die negative Verschiebung bzw. die Fusion. Dabei kann k auch die Zeit und damit auch einen Volumenfaktor darstellen. Entsprechend der Betrachtungsrichtung ist eine Bewegung auf der Stelle, also eine Rotation, auch eine Singularität. Es wird ein Weg zurückgelegt ohne das sich der Ort ändert.

Im Allgemeinen hängt die Ausbreitungszeit von der Trajektorie und ihren Füllelementen ab. Der Ausbreitungsimpuls wird durch die Verwendung eines Pfades, der durch Material mit dem optimierten Massenverhältnis verbunden ist, schneller. Parallele bewegliche Elemente können sich aufteilen, wenn ein Element kollidiert und das andere sich weiter bewegt. So erhielt das ursprüngliche Element zwei Geschwindigkeiten. Die Beobachtung der Quantenmechanik zu Elektronen mit zwei gleichzeitigen entgegengesetzten Spins wird rein mechanisch mit zwei drehenden Materieelementen unter einem Aufsatz gesehen. Dabei können diese bei der Strömungsdurchdringung in der Mitte durchaus entgegengesetzt drehen.

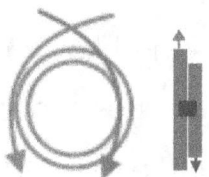

Abbildung 16' Gekreuzte Anströmung zur Erzeugung von entgegengesetzten Materie Rotationen zweier beweglicher verbundener Elemente (Aufsicht und Seitenansicht)

Die Zeit ist eine künstliche Einteilung, die beliebig gewählt werden kann. Es gibt keinen direkten Bezug zum leeren Raum. Ein theoretisch leerer

Raum kann in verschiedenen Geschwindigkeiten durchquert werden. Ein gefüllter Raum bietet einen Widerstand. Als Fazit haben wir eine geringe Wahrscheinlichkeit für eine <u>Zeitreise</u>. Die Wahl eines schnelleren Weges könnte uns einer Reflektion eines Ereignisses in der Vergangenheit näher bringen, aber wir haben nicht die Möglichkeit eines Eingriffes in das Ereignis aus der Vergangenheit.

Einsteins <u>relativistische Berechnung</u> wird transferiert und verbessert. Neben der Beschreibung, Anzahl und Lokalisierung der Verschiebungsquelle, auch durch die Ergänzung von Materiefaktoren.

Schließlich scheint es offensichtlich, dass ein <u>Wirbelsturm</u> und ein dynamisches kosmisches nicht emittierendes <u>Schwarzes Loch</u> sehr ähnlich sind. Es ist rotierende Materie mit einem bis zu einem gewissen Grad kollisionsfreien, strukturell verteilt oder gefüllten Zentrum. Die rotierende Masse kann in sich rotierende bzw. sich bewegende Materie besitzen, innere und äußere Hohlräume aufweisen, die Reste von einer Explosion sind (siehe Abbildung 17) oder Entstehungsformen sind.

Rotierende Halbschalen mit Öffnungen erzeugen je nach der Relativstellung der beiden Rotationskörper rhythmische Materieauswürfe.

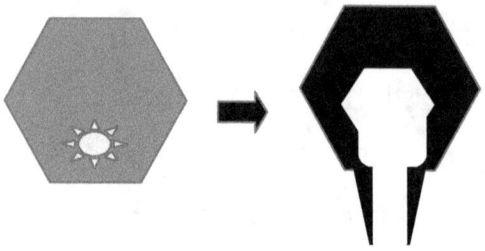

Abbildung 17: Rotierende Materie mit einer Öffnung nach einer unsymmetrischen Explosion

Aus Materie in einer anfänglich <u>rotierenden Ringform</u> entsteht, ohne die Nähe einer anderen großen Masse (Zerfälle), eines stärkeren Impulses oder einer kreuzender Strömung, kein Volumenkörper. Die Nähe von zwei zusätzlichen gleichen Massen oder unterschiedlichen Massen, die durch die Entfernung kompensiert werden, kann die

Ringform in der Mitte verändern und in einen statischen "Twister" oder Kegel überführen. Falls keine Kollisionen stattfinden und keine thermischen oder Blitzeffekte vorherrschen zeigt ein Einblick in das Innere des <u>Kegels</u> den <u>schattierte Bereich</u> schwarz. Denkbar sind lichtabsorbierende Strukturen, wie z.B. Kohlenstoffröhren oder „Kanäle". Neben den lichtabsorbierenden Strukturen, wird in dieser Betrachtung den Lichtträgern eine Masse zugeordnet. Die rotierende Masse befördert damit auch Lichtträger in der Vorzugsrichtung ohne einen entgegengesetzten Austritt zu ermöglichen.

Es wird davon ausgegangen, dass der Blitz größtenteils frei von dem auf der Erde erlebten Donner ist. Der Donner ist die Folge von umliegenden verbundenen oder verschlungenen molekularen Luft/Wasser Strukturen, die zerreißen. Die verschlungenen Moleküle bilden Strukturen wie Spiralen, Umwickelungen und Kanäle die für sich bewegende bzw. sich entfernende Elektronen oder teilweise Entladungen, den Ausbreitungsraum bilden. In einer bewegten, gefüllten homogenen Umgebung ist die Wahrscheinlichkeit für eine Gesamtreflektion geringer als eine teilweise Änderung der Richtung der Elektronen- oder Lichtträgerflugbahn bzw. Kollision. Daher hat die Ausbreitung im Raum, mit vorhandenen kreuzenden Strömungen, eine hohe Wahrscheinlichkeit, eine spiralförmige Bewegung zu entwickeln. Wenn die Umgebung zum Ausbreitungskanal nicht dicht mit dieser Art von Molekülen umhüllt ist, wird die Folge, der Donner, von dem bekannten Mechanismus in unserer Atmosphäre abweichen. Es findet kein schlagartiges Auseinanderbersten von Materieketten statt bzw. wird die Erscheinung nicht ausreichend weiter übertragen.

Verfügbare Materialien wie H, O und Platin können ähnlich wie eine Brennstoffzelle funktionieren, die Wärme und Elektrizität, die einen Massestrahl, Lichteffekte und Radioaktivität erzeugt. Wenn der Massestrahl senkrecht zur Drehrichtung austritt, erhalten wir aufgrund eines meinst ungleichförmigen Strahlaustrittes einen Pulsar-Charakter der rotierenden Materie. Verschiedenste Formen der Austrittszonen sind vorstellbar. Ein schmaler länglicher Schlitz in einer Materialansammlung oder Elemente vor einer Strahlungsquelle erzeugen eine „Strahlungsbalkenerscheinung", sowie die Reflektion auf einer länglichen flacheren Materieansammlung in z.B. einer Ellipsenform. Diese Form kann auch von Gasansammlungen gebildet werden. Diese feinsten Partikel rotieren in einer Scheibenebene. Es ist möglich, dass sich mehrere Scheiben übereinander bilden die auch geläufig rotieren. Tritt nun eine Strömung quer dazu auf kommt es zu Kollisionen. Aus diesen Kollisionen entsteht unter den geeigneten Bedingungen Materieverbindung. Vorstellbar ist so auch die Bildung des uns bekannten einfachen Wasserstoffes. Aus der Betrachtung zur rotierende Kreisscheibe, neben einer einfachen Querströmung, ergibt sich für diesen bei entsprechendem Weitertransport eine gebogene gerollte Form (siehe Abbildung 15').

Ein im Strömungsfeld befindlicher an den Enden <u>gebogener Zylinder</u> eignet sich wiederum zur Erzeugung einer rotierenden Kugelform im unmittelbaren Einflussbereich. Ausgerichtete Schichten, hervorgegangen aus der Streuungslinearisierung und deren wellenförmige Schwingungen eignen sich als Begrenzung und zur

Ausbildung der Kugelform. Letztendlich entsteht ein Auffüllen von vorhandenen Hohlräumen.

Ein durch Strahlung erzeugter gerichteter Impuls kann Schichten des Material anheben. Ohne eine bereits verfestigte Führungslinien werden Materieelemente im Strahlungspfad kippen und zur Aufweitung der Materieansammlung führen (vgl. Abbildung 8''). Ein bestehender <u>drehender Torus</u> kann durch die gerichteten vertikalen Bewegungen als zusätzlich vertikal rotierend, mit spiralförmigen Rotationen um dem Hauptrotationskörper oder mit anderen Worten, wie ein Korkenzieher geformter Torus gesehen werden. Die Vertikalströmung wird als Nebenrichtung zur Rotationsachse, d.h. schräg zur Rotationsrichtung, je nach Drehrichtung, auch ungebundene Materie „absaugen", wenn der Kegel offen ist, vergleichbar mit einer rotierenden Hufeisen/Omega Form.

Die rotierenden Objekte mit der oben beschriebenen Vertikalströmung können von kollidierten Sternen "übrig gebliebenen" sein und als komprimierte „Schmelze", teilweise oder ganz von einem Objekt überlappt werden. Diese können als „Hintergrundquelle" dienen. In einer solchen Konstellation werden diese in einer Beobachtungsrichtung als blinkende Quelle (Pulsar) wahrgenommen. Komprimierte Masse-Ringe/Flächen können durch den Impuls eines Pulsar ausgedehnt werden oder einzelne längliche Ausdehnungen oder Öffnungen erhalten. Es eröffnet sich ein neuer offener Bereich kann dieser mit geringerem Widerstand durchströmt werden. Unter der Annahme eines gefüllten Raum würde eine Ausgleichströmung erfolgen. Materie, die z.B. durch Materieabgaben, mit einer Geschwindigkeitsdifferenz zum umgebende Strömungsfeld, eine Verschiebung erzeugt, produziert auch einen Rückstoß. Die Materieverteilung beeinflussende Quellen, ermöglichen wiederum, je nach Ausbreitungsrichtung, die Veränderung der länglichen Struktur zur Rundform.

Abbildung 17': Veränderung einer rotierenden Materiescheibe durch spezifische Quereinflüsse, z.B. ein Pulsar

Das Drehen der <u>Spiralschleife</u>, vergleichbar mit der in Abbildung. 18 dargestellten, erzeugt einen konstanten strömenden Materie bzw. Plasmastrom mit einer verteilten, der Spiralwellen folgenden Verzögerung bzw. <u>Überlagerung</u> gegenüber der Hauptwellenfront, abhängig von der Spiralgröße.

Sternexplosionen werden in Bezug auf die gewonnene Masse eines Sterns und gestörte innere Prozesse gesehen. In der Zeit des Wachstums eines Sterns aufgrund dem Zufließen eines Materiestroms in der Umlaufbahn und der anschließenden Verdichtung steigt die angesammelte Sternmasse. Aufgrund der sich erhöhenden Temperaturen im inneren entsteht sogenanntes <u>Plasma</u>. Diese rotierenden Plasmaströme erzeugen elektromagnetische Felder und eine geordnete bestimmte Struktur. Möglich, aufgrund des entsprechenden äußeren vorhanden Strömungsfeldes, ist eine <u>Schichtstruktur</u>, d.h. die Plasmaströme sind in nach der Größe übereinanderliegenden Ringen angeordnet. Eine andere Schichtung kann entsprechend im Winkel verändert sein und die erst beschriebene zu einem gewissen Zeitpunkt durchkreuzen. Wenn das Strömungsfeld aus verteilten Richtungen mehr Materie zuführt, bilden sich die Ringkonglomerate- die <u>Vereinigung von Einzelringen</u>. Als Beispiele siehe Abbildung 18 und 19.

Abbildung 18: Mehrere ringförmige, geschichtete und teils verschlungene rotierende Plasmaströme

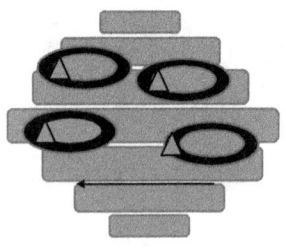

Abbildung 19: Seitenansicht mehrerer ringförmiger, geschichteter Plasma Ströme mit gekippten kleineren begleitenden seitlichen Plasma

Strömen (eingefügte Pfeile als Beispiele für die Drehrichtung).

Falls das Strömungsfeld weitere Materie von verteilten Richtungen zuführt, entstehen ohne eine Vereinigung verschlungene Ansammlungen. Als Beispiel dient Abbildung 6 mit 6 Schleifenströmungen. Wie im Abschnitt 3.4 beschrieben tritt abgestrahlte Materie aus („Extruder"). Auch treten Materieansammlungen periodisch in Aufstiegskanälen aus oder Oberflächen öffnen sich. Dabei ist eine verschiedene Schichtung der Oberflächen und Materieansammlungen zu erwarten. Sind diese Austrittskanäle oder passierbaren Oberflächen in Kombination aktiv, lassen sich daraus verschiedene

Materiestrukturierungen herleiten. Zwei Austrittskanäle die sich zugeneigt sind erzeugen z.B. einen sich kreuzenden Materieaustritt. Dieser kann durch einen dritten Kanal periodisch weiterbefördert werden und aufgrund des Ausgangswinkel sich drehend fortbewegen. Eine zusätzlich Rotation der Quelle lässt eine verdrehte Struktur entstehen. Diese Austrittskanäle ergeben sich durch eine Querströmung auch in einfachen Materiewirbeln im Zentrum. Es ist anzunehmen, dass ein „schwarzes Loch" mit drei Austrittskanälen einen starken Einfluss auf unsere direkte Umgebung erzeugt.

Hilfreich wird eine Häufigkeitsbetrachtung der verschiedenen benannten Materieformen sein. Es gibt Grundstrukturen die bereits im Periodensystem niedergelegt sind und Abweichungen in alle möglichen denkbaren Materieentstehungsformen. Gleiche Entstehungsmechanismen lassen gleiche oder ähnliche Materieformen entstehen die mit einer gewissen Häufigkeit im All anzutreffen sind.

Neben der Konglomeratentstehung kann das „Füttern" dieser inneren Strömungsstrukturen mit mehr Materie auch zum Kontakt mit anschliessender Abstossung zweier entgegengesetzt rotierender Ringe führen.

Damit entsteht je nach Rotationsrichtung, Plasmavolumen und Abstandsvariation ein direkter, evtl. entgegengesetzter Kontakt. Dies impliziert eine <u>abrupte Änderung</u> der strömenden Richtung. Neben der Materieanhäufung wäre dieser Prozess auch für die Fusion verantwortlich und die Abstrahlung. Kollidierende Materie wird an den Kollisionspunkten verdichtet, verbunden und abgestrahlt. Wenn alle Parameter bestimmte Schwellenwerte überschreiten (Erklärung für bestimmte notwendige <u>Materiegrößenanhäufungskategorien</u>), sich ein Vorbeiflug oder Durchflug ereignet, führt dies zu einer Explosion oder sogenannten <u>Supernova</u>. Damit läßt sich das Entstehen einer möglichen Explosion nicht einfach auf die Sternenmasse zurückführen, sondern ist abhängig von den einzelnen Schichtungen im Stern, der Gesamtform und dem ausreichenden gerichteten Impuls/Geschwindigkeit/Masseverhältnis an der jeweiligen Kollisionsstelle der gerichteten Rotationsschleifen. Die Kollisionsstelle ist, neben dem direkten Crash, im weiteren Sinn zu verstehen, da diese auch durch „Elektrostatik" oder Elektronenlawinen entstehen können, die nicht im unmittelbaren Kontakt standen. Auch die Entstehung eines Neutronensternes funktioniert damit nach dem gleichen Mechanismus. Dieser gilt als Kern-Überrest einer Supernova. Entscheidend sind dabei lediglich die Kraftrichtungen und die o.g. Verhältnisse. Vollständige Vermessungen dieser Objekte vor der Explosion sind bisher schwierig. Radienmessung zeigen größere Abweichungen. Dieser Betrachtungsweise folgend, kann aber angenommen werden, dass die längliche Formationen (Ellipsoid), erzeugt durch eine stärkere Längsströmung oder verbundene Kugeln, im Vergleich zur Kugelform später instabil werden. Denkbar ist eine Gasverbrennung, z.B. Methan, eine oder mehrere sichtbare Austrittsstellen und in größere Mengen angesammeltes vorhandenes geschmolzenes Metall, wie z.B. Blei, auch Elektronen in Reinform kommen als Dichte Ansammlung in Betracht etc.. Während der Rotation eines solchen Objektes erscheint am Auslass oder Öffnung „der Brennkammer" ein periodisches Lichtsignal und ein hörbarer Gasaustritt. Dieses Zusammenspiel kann als ‚Pulsar wahrgenommen werden.

Es scheint wahrscheinlich, dass aktive Sonnen, mit inneren rotierenden Plasmaströmungen, ihre direkte Umgebung beeinflussen. Es entsteht neben der radialen Verteilung, eine starke tangentiale Materie-Verschiebungskomponente besonders wenn äussere Störeinflüsse hinzutreten. Diese Komponente wäre neben der in-homogenen Oberflächenstruktur verantwortlich für Rotationsabweichungen der umliegenden

Planeten. Diese kreisförmigen Verschiebungen oder rotierende Materieabstrahlungen erzeugen wiederum in entfernten Bereichen Wirbelformationen. Diese Wirbel überdecken den gesamten Größenbereich. Von Wirbeln auf der Basis eines ursprünglichen bzw. verkleinerten Heliumatoms, mit entsprechender „Urwasserstoffumgebung", bis zur Größe von Galaxiewirbeln.

Wenn man bedenkt, dass der Effekt der Materieabstrahlung ausschliesslich durch die Impulswirkung der Masse entsteht und nicht die Anziehung die Ursache für die Zusammenballung der Masse ist, kann die Stabilisierung unserer Galaxie schwieriger vorhergesagt werden.

Durch die verringerte <u>Vorhersagbarkeit</u> ist möglicherweise die Reaktionszeit nicht in dem Maße gegeben wie es bisher angenommen wurde. Aus diesem Grund ist ein rechtzeitig vorbereiteter organisierter effektiver <u>Meteoriten Schutz</u> der Erde vernünftiger.

3.6 Die zu beweisende Theorie

Neben den aufgezeigten Argumenten zu einer nun geschlossenen theoretischen Betrachtung (Hauptsätze der Thermodynamik, kristalline Feinstruktur, Fernwirkung, Rotationsgeschwindigkeitsverteilung in und außerhalb der Galaxie, die weiter bestehende Aufenthaltswahrscheinlichkeit von Materie in der zeitlichen Betrachtung, ohne das die Material-Schwingung zum Erliegen kommt etc.). Es wird bereits hier in einigen Beispielen darauf hingewiesen, wie ein praktischer <u>Beweis für diese Strömungsfeldtheorie</u> geführt werden kann:

Die Anordnung von Dipolen an der Oberfläche und die zusätzliche Kompression des Wassers an dem ca. 4 °C Punkt kann nicht vollständig mit einer radialsymmetrischen Anziehung der Einzelmoleküle erklärt werden, sondern mit dem gerichteten Strömungsfeldeinfluss in Verbindung mit der Materiestruktur. Die notwendige Ausrichtung der Elemente würde nicht nur wegen einer reduzierten Bewegung aufgrund der Temperatur um die 4°C stattfinden. Eine Kompression, im verbindenden Bereich, kann zum seitlichen Austreten, bzw. spreizen und verfestigen von Materie führen, die damit die vorab geordnete komprimierten Wasserstoff-Sauerstoffverbindungen ausweitet. Eine Torsion, im sich drehenden Gesamtsystem, führt zu einer Verkürzung der betroffenen Elemente (vgl. Viskosität). In dieser Betrachtung werden, neben den heute definierten Materieelemente, weitere meistens kleinere, sich der heutigen Messauflösung entziehende, Elemente als existent angenommen (Kohlenstoff, Helium). Mittels der Vorstellung von Vergasungsprozessen lassen sich die Materieelemente „stapeln". Gleichzeitig bietet eine in Strömungsrichtung geordnete Struktur durch den Abfluss von kleineren Elementen, z.B. in Kugelform, die grösstmögliche homogene dichte Ansammlung.

Bei einer weiteren Temperaturabnahme werden die einzelnen Elemente durch spezifische Ausrichtung stärker gebunden (Wasserstoff). Möglich ist eine Anpassung an die Längenunterschiede zwischen dem Sauerstoff und dem gedrehten Wasserstoff oder die umgekehrte (180° verdrehte) Ankopplung inkl. möglicher feiner „String" Fortsätze. Die Bewegung der Elementarelemente nimmt ab. Die Lücken sind auf ihrem Minimum. Die erreichte minimale Weglänge die sich aus der transformierten Minimaltemperatur herleiten lassen sollte (vgl. -275,15 K, Planck. Wirkungsquantum) ist beim Erreichen des Endwertes der Stillstand. Damit findet eine Linearisierung statt und die Reflektionen einer Durchströmung werden minimiert. Die Reflektionen an der Oberfläche wiederum erzeugen je nach Anregungsfrequenz und Winkel einer eintreffenden kosmischen Strahlung durchaus sichtbare „Einschnürungen". Die Ordnung und die Dichte steigt. Um dieses als experimentellen Beweis zu verwenden, würden wir den Strömungsfeldeinfluss abschirmen müssen. Es ist bisher immer noch unklar ob dies zumindest teilweise im Detail gelungen ist. Es liegt nahe, dass die Supraleitung, wie oben beschrieben, auf einem abschirmenden, verknüpfenden, transportierten Effekt beruht oder die Sichtweise, aufgrund des Temperatureinflusses und des damit einhergehenden Strukturstillstandes, dominiert.

Ein vergleichbarer Effekt findet beim Bau der Blasenwand statt. Das Material richtet sich im Strömungsfeld aus (vergleiche die beschriebene Streuungslinearisierung) und die Blasenwand erhält aufgrund der atomaren Sauerstoff Form/ Verbindungszonen eine gekrümmte Form. Beim Zusammenprall zweier Blasen in der Erdatmosphäre bildet sich die resultierende Trennwand meistens als Senkrechte.

Ein homogener "Globus" oder <u>Massekugel</u> im Raum, wird durch eine Gravitationsmesssonde vermessen werden. Es wird erwartet, dass das

Ergebnis von der <u>radialsymmetrischen Verteilung</u> einer berechneten „Anziehungskraft" um die Massekugel <u>abweicht</u>. Wir erwarten eine elliptische Verteilung der Prüfergebnisse mit stochastisch verteilten Einzelstrahl-Abweichungen (vgl. auch die Jakobsmuschel-Oberfläche). Mehrere Kugeln in einem Kreisring oder als Volumenkörper angeordnet, könnten mit einer bekannten mittigen Kraft angestoßen werden. Anschliessend werden die einzelnen Ausbreitungsentfernungen bestimmt. Es wird keine Gleichverteilung erwartet. Interessant wird die Beobachtung mit einer möglichst geringen Stosskraft zur Bestimmung eines „Vakuumwiderstandes".

Ein weiteres Experiment könnte mit <u>flüssigem Helium</u> in einem Tank im Weltraum durchgeführt werden. Nach der gewonnenen Erfahrung, bildet dies kein Konglomerat, wie es sich ergeben würde, wenn die Anziehung zwischen den einzelnen Atomen wirksam wäre. In diesem Zusammenhang kann ähnlich wie beim Wasser der „Onnes Effekt" erwähnt werden. Auf einer aus dem Helium hinausragende Oberfläche, bewegt sich Helium, aus der Ansammlung, auch gegen die Schwerkraft heraus. Das „Stapeln" der Helium Elemente kann auf das Gemisch von unterschiedlichen Größen- und Materieelementen, deren Verdrängungseigenschaften bzw. Verbindungen und der entsprechenden Reflektion zurück geführt werden. Das Helium verteilt sich über die Fläche unregelmäßig, gemäß dem Strömungsfeldeinfluss im Tank. Für das Experiment mussten alle Parameter, wie z.B. eine konstante Temperatur-und Druckeffekte überwacht werden.

Denkbar sind auch die Erweiterung von existierenden Beschleunigerringen mit Hochspannungsquellen. Parallele Materieströme können so quer beaufschlagt werden. Die plötzliche lokale Temperaturerhöhung führt zur Verbindung von Materieelementen. Ergänzt man diesen mit einem Gegenstrom, etwa in einer beruhigten Zone, ergibt sich die zuvor beschriebene Scherspannung und es sollte dadurch möglich sein eine Kugelform zu erzeugen. Damit wäre ein Planetenerzeugung im kleinen Massstab möglich. Fraglich ist dabei der Einfluss bzw. das Verhältnis des auf die Erde eintreffenden Strömungsfeldeinflusses. Womöglich ist das Experiment nur im erdentfernten Bereich erfolgreich.

Auch ist ein Abtropfexperiment denkbar. Mehrer Enden eines Wasserspeichers sollte bei homogener Entfernung zur Anziehungsquelle zum gleichen Zeitpunkt abtropfen. Ein unregelmässiger Strömungsfeldeinfluss würde die „Abtropfzeitpunkte" bzw. Impuls zufällig verschieben, wobei dies kein Gegenbeweis gegen den Gravitationseinfluss zeigt, sondern lediglich die Frage nach einer zusätzlichen Überlagerung demonstriert.

Kapitel 3 Zusammenfassung

Dieses Kapitel führt theoretisch in die Entstehungsquellen, die Eigenschaften von Effekten zur Ausbreitung im Raum und in eine neue Sichtweisen der nicht-symmetrischen Weltraumbildungstheorie ein. Die vorhanden Fusionen oder Zerfälle als Impulsquellen im Weltraum, den daraus entstehenden Verschiebungen im allgemeinen, die Ausbreitung der Impulse, Aufteilungen, Dichteänderungen und Reflektionen werden als verantwortlich für ein vorhandenes quantisiertes Strömungsfeld bezeichnet, das eine Kraft erzeugt. Elemente in diesem Raum dienen der Ausbreitung oder Weitergabe von Impulsen. Dies liesse sich im weitesten Sinne als "Impulsleiter" bezeichnen. Die resultierenden Kräfte in diesem strömenden Feld bündeln Massen nicht per Anziehung, sondern auf einer mechanischen Basis. Diese Elemente werden rotiert, verknotet, verwickelt, reflektiert, verhakt und in die bekannten Konstellationen transportiert. Die Zeit wird als künstlich definierte Einteilung angesehen. Die Kraft entwickelt sich aus jeder Raumänderung im Strömungsfeldraum, dem Weltall, durch Kompensation von Kräften durch Massen, wobei die Masse allein nicht die Ursache für die bisherige Betrachtungsweise der Anziehung ist. Schwarze Löcher werden u.a. als rotierende und komprimierte Massen ohne eine unendliche "Gravitationskraft" gesehen.

Die Formation der Masse im Raum wird durch eine Quellen- und Senkenbetrachtung ersetzt und benötigt damit nicht einen „Big Bang" zur Entstehung des Universums. Die Berechnungsmöglichkeit wird über die wirkende Kraft geführt, wobei aufgrund der verteilten nicht synchronisierten Quellen eine numerische Berechnung als die relevante Lösung angesehen wird. Experimente sind für den praktischen Beweis dieser Theorie im Kapitel 3.6 definiert.

Kapitel 3 Zusammenfassung in einer vereinfachten Schreibweise:

Dies Kapitel führt theoretisch in das Entstehungsquellen, das Eigenschaften von Effekten zur Ausbreitung im Raum und in ein neu Sichtweisen das nicht-symmetrischen Weltraumbildungstheorie ein. Der Begriff symmetrisch wird hier im geometrischen Sinn verstanden, nicht im Sinne ein Wandlungsfähigkeit. Das vorhanden Fusionen oder Zerfälle als Impulsquellen im Weltraum, das daraus entstehenden Verschiebungen im allgemeinen, das Ausbreitung das Impulse, Aufteilungen, Dichteänderungen und Reflektionen werden als verantwortlich für ein vorhandenes quantisiertes Strömungsfeld bezeichnet, das ein Kraft erzeugt. Elemente in diesem Raum dienen dasAusbreitung oder Weitergabe von Impulsen. Dies liesse sich im weitesten Sinne als "Impulsleiter" bezeichnen. Das resultierende Kräfte in diesem strömenden Feld bündeln Massen nicht per Anziehung, sondern auf ein mechanischen Basis. Dies Elemente werden rotiert, verknotet, verwickelt, reflektiert, verhakt und in das bekannten Konstellationen transportiert. Das Zeit wird als künstlich definierte Einteilung angesehen. Das Kraft entwickelt sich aus jeder Raumänderung im Strömungsfeldraum, dem Weltall, durch Kompensation von Kräften durch Massen, wobei das Masse allein nicht das Ursache für das bisherige Betrachtungsweise das Anziehung ist. Schwarze Löcher werden u.a. als rotierende und komprimierte Massen ohne ein unendliche "Gravitationskraft" gesehen.

Das Formation das Masse im Raum wird durch ein Quellen- und Senkenbetrachtung ersetzt und benötigt damit nicht ein „Big Bang" zur Entstehung des Universums. Die Berechnungsmöglichkeit wird über das wirkende Kraft geführt, wobei aufgrund das verteilten nicht synchronisierten Quellen ein numerische Berechnung als das relevante Lösung angesehen wird. Experimente sind für den praktischen Beweis dieser Theorie im Kapitel 3.6 definiert.

4 Zusammenfassung

Der Text beschreibt eine Hauptthese und verschiedene Nebenthesen die sich erübrigen falls ein Argument gefunden wird, das das Gegenteil beweist. In den mehr als 10 vergangen Jahren ist dies bisher nicht vorgekommen. Ansonsten wird der Text von der Projektgruppe in weiteren Ausgaben durch alle neuen Erkenntnisse aktualisiert, die auf der beschriebenen neuen Sichtweise aufbauen.

Der Text für "Das neue Verständnis der Materie-Formation" bildet eine neue Systematik, die in einem Satz ausgedrückt werden kann: Materie

formiert sich in der Strömung, ausgelöst durch eine Verschiebung. Diese Verschiebung kann der Beginn einer Schwingung sein.

Die Verschiebung wird mit einem Impuls assoziiert und die Schwingung mit einer Welle oder einer Drehung bzw. dem „Spin". Betrachte Materie hat je nach Verknüpfungszustand verschiedene zuordnenbare geometrische Formen, sei es punktförmig, länglich, ein Volumenkörper mit Durchführung etc. Die Bewegungsrichtung, über einen gemessenen Zeitraum, entscheidet über unsere Einteilung als translatorische, kreisende oder zyklisch wiederkehrende Bewegung. Zeitlich und räumlich abgestimmte Anregung können als Resonanzen erkannt werden. Im Prinzip besteht zwischen diesen einzelnen Erscheinungsformen der Verschiebungen kein Unterschied.

Andere Verbindungen der Materie sind ein Ergebnis der genannten Systematik.

5 Weitere Links und Literaturverweise

[1] *Neue Astronomie* von Johannes Kep(p)ler (1571-1630), „...dynamisches System, in dem die Sonne durch Fernwirkung die Planeten aktiv beeinflusst..."
Unveränderter Nachdruck der Ausgabe von 1929. Oldenbourg Wissenschaftsverlag, München 1990, ISBN 978-3-486-55341-3.

[2] Le Sage (1756) "Die Verteilung dieser Ströme ist außerordentlich isotrop und die Gesetze der Ausbreitung entsprechen denen des Lichts."

[3] Fatios (1690) "Teilchen in Richtung zz strömen, und ebenso einige Teilchen, die von C bereits reflektiert wurden, in Gegenrichtung strömen. (Fatio nahm an, dass die durchschnittliche Geschwindigkeit und somit auch die Impulse der reflektierten Teilchen geringer seien als die der Einströmenden. Das Resultat ist ein Strom, ...")

[4] M. Planck: *„Zur Theorie des Gesetzes der Energieverteilung im Normal-spektrum"*, Verhandlungen der Deutschen physikalischen Gesellschaft 2(1900) Nr. 17, S. 237–245

[5] W. Heisenberg: *„Über quantentheoretische Umdeutung kinematischer und mechanischer Beziehun-*

gen" Zeitschrift für Physik 33 (1925), S. 879–893

[6] On the Einstein-Podolsky-Rosen paradox 1964 from John S. Bell

[7] Albert Einstein: Über Gravitationswellen. In: Königlich-Preußische Akademie der Wissenschaften *(Berlin)*. Sitzungsberichte (1918), Mitteilung vom 31. Januar 1918, S. 154–167

[8] Wilbert Jan, Schwarz Harald, A New EMS Facility For The Test Of Large Widespread Systems, IEEE/EMC Washington, DC 2000, ISBN 0-7803-5678-0

[9] LARGE SCALE STRUCTURE OF THE UNIVERSE, Alison L. Coil, 29.2.2012

DOI 10.1007/978-94-007-5609-0_8

CiTe as arXiv:1202.6633 [astro-ph.CO]

Kommentare sind sehr willkommen unter: willi.oberaht@gmx.de, Ref. 64254028
München, überarbeitete Version April 2019 bis August 2020.

www.ingramcontent.com/pod-product-compliance
Lightning Source LLC
Chambersburg PA
CBHW071615220526
45469CB00002B/347